D1702353

Grundgebiete der Elektrotechnik 1

Elektrische Netze bei Gleichstrom,
elektrische und magnetische Felder

von
Prof. Dr.-Ing. Horst Clausert,
TH Darmstadt
Prof. Dr.-Ing. Gunther Wiesemann,
FH Braunschweig/Wolfenbüttel

Mit 210 Bildern und 5 Tabellen

2., vollständig überarbeitete Auflage

R. Oldenbourg Verlag München Wien 1986

CIP-Kurztitelaufnahme der Deutschen Bibliothek

Clausert, Horst:
Grundgebiete der Elektrotechnik / Horst Clausert ;
Gunther Wiesemann. – München ; Wien : Oldenbourg
    1. Aufl. im Verl. Berliner Union, Stuttgart u. im
    Verl. Kohlhammer, Stuttgart, Berlin, Köln, Mainz
NE: Wiesemann, Gunther:

1. Clausert, Horst: Elektrische Netze bei Gleichstrom, elektrische und magnetische Felder. – 2.,
vollst. überarb. Aufl. – 1986

Clausert, Horst:
Elektrische Netze bei Gleichstrom, elektrische und
magnetische Felder / von Horst Clausert ; Gunther
Wiesemann. – 2., vollst. überarb. Aufl. – München ;
Wien : Oldenbourg, 1986.
    (Grundgebiete der Elektrotechnik / Horst Clausert ;
    Gunther Wiesemann ; 1)
    1. Aufl. im Verl. Berliner Union, Stuttgart u. im
    Verl. Kohlhammer, Stuttgart, Berlin, Köln, Mainz
    ISBN 3-486-20244-8
NE: Wiesemann, Gunther:

Gesamtherstellung: R. Oldenbourg Graphische Betriebe GmbH, München

ISBN 3-486-20244-8

Vorwort zur ersten Auflage

Als Grundgebiete der Elektrotechnik sehen wir im wesentlichen die theoretischen Grundlagen zur Berechnung elektrischer Netze und elektromagnetischer Felder an.

In dem vorliegenden ersten Band behandeln wir die elektrischen Netze bei Gleichstrom und elektrische und magnetische Felder. Ein folgender zweiter Band wird der Wechselstromlehre und den Ausgleichsvorgängen gewidmet sein.

Das Buch ist aus Vorlesungen hervorgegangen, die für Studenten der Elektrotechnik an der Gesamthochschule Wuppertal und der Fachhochschule Braunschweig/Wolfenbüttel seit vier Jahren gehalten werden.

Dem Lehrbuchcharakter entsprechend enthält jeder wichtige Abschnitt einige Beispiele. Diese sind fast alle als Aufgaben formuliert (mit den zugehörigen, oft recht ausführlichen Lösungen) und früheren Klausuren entnommen worden. Einige Beispiele stellen Ergänzungen des Vorlesungsstoffes dar und können beim ersten Durcharbeiten des Buches übersprungen werden.

Das Buch wendet sich in erster Linie an Studierende der Elektrotechnik, aber auch in der Praxis stehende Ingenieure werden aus dem Buch Nutzen ziehen – vielleicht gerade wegen der vielen Beispiele.

Der Leser sollte mit den Grundbegriffen der Differential- und Integralrechnung vertraut sein. Die anspruchsvolleren Hilfsmittel der linearen Algebra und der Feldtheorie dagegen werden nicht vorausgesetzt, sondern – soweit sie hier schon erforderlich sind – im Text erläutert.

Zum Schluß sprechen wir all denen unseren Dank aus, die zum Gelingen des Buches beigetragen haben.

Der erstgenannte Verfasser dankt besonders Frau Bauks, die die Reinschrift seines Beitrags zu diesem Buch angefertigt hat, sowie Herrn cand. ing. Butscher für das Entwerfen und Zeichnen eines großen Teils der Bilder. Schließlich möchte er nicht versäumen, an dieser Stelle seines Lehrers Herbert Buchholz (1895–1971) zu gedenken, dessen Darmstädter Vorlesungen die Abschnitte über Felder in mancher Hinsicht beeinflußt haben.

Der zweitgenannte Verfasser dankt seiner Frau für das sorgfältige Schreiben seines Manuskripts. Dem Verlag gebührt unser Dank für die gute Zusammenarbeit.

Wuppertal, Braunschweig   H. Clausert
im Juli 1978   G. Wiesemann

Vorwort zur zweiten Auflage

Bei der Vorbereitung der Neuauflage haben wir die inzwischen bekannt gewordenen Druckfehler berichtet und verschiedene Unklarheiten beseitigt. Zu danken haben wir einigen aufmerksamen Lesern für nützliche Hinweise, insbesondere Herrn Prof. Dr. E.-G. Neumann, Wuppertal. Neu aufgenommen haben wir in diese Auflage einen Abschnitt über gesteuerte Quellen.

Darmstadt, Braunschweig   H. Clausert
im August 1986   G. Wiesemann

Inhaltsverzeichnis

Verzeichnis der Übungsbeispiele

Kapitel 3: Elektrostatische Felder

Kapitel 4: Stationäre elektrische Strömungsfelder

Kapitel 5: Stationäre Magnetfelder

Kapitel 6: Zeitlich veränderliche magnetische Felder

0. Einheiten und Gleichungen

0.1 Einheitensysteme

0.1.1 Maßsysteme

Um eine physikalische Größe messen zu können, muß man eine Einheit dieser Größe willkürlich festlegen. Messen heißt dann, daß eine Zahl bestimmt wird, die angibt, wie oft die gewählte Einheit in der zu messenden Größe enthalten ist.

Wegen der bestehenden physikalischen Gesetze, die einen Zusammenhang zwischen den physikalischen Größen herstellen, läßt sich die Anzahl der willkürlich festzulegenden Einheiten auf wenige Grundeinheiten beschränken. So sind zur Beschreibung mechanischer Vorgänge drei Basiseinheiten erforderlich. In der Elektrizitätslehre definiert man zweckmäßigerweise zusätzlich eine vierte Basiseinheit und bei Einbeziehung thermischer Vorgänge schließlich noch eine fünfte Basiseinheit. Je nach der Wahl der Grundgrößen, für die Einheiten festzulegen sind, erhält man verschiedene Maßsysteme.

In der Elektrotechnik hat sich das **MKSA-System** weitgehend durchgesetzt, das von den Grundgrößen Länge, Masse, Zeit und Stromstärke ausgeht. Außerdem wird zur Beschreibung thermischer Vorgänge die Temperatur als fünfte Grundgröße gebraucht.

Die Einheiten dieser fünf Grundgrößen sind Bestandteil des internationalen Einheitensystems oder **SI-Systems** (Système International).

0.1.2 Die Basiseinheiten

Die für die Elektrotechnik wichtigen Basiseinheiten des SI-Systems sind wie folgt definiert (DIN 1301):

1. Die Länge:
   1 Meter ($= 1$ m) ist das 1650763,73fache der Wellenlänge der von Krypton 86 beim Übergang zwischen zwei bestimmten Zuständen ausgesandten, sich im Vakuum ausbreitenden Strahlung.

2. Die Masse:
   1 Kilogramm ($= 1$ kg) ist bestimmt durch die Masse des in Sèvres aufbewahrten »Urkilogramms«.

3. Die Zeit:
   1 Sekunde ($= 1$ s) ist das 9192631770fache der Periodendauer der Strahlung beim Übergang zwischen zwei bestimmten Energieniveaus des Atoms von Cäsium 133.

4. Die Stromstärke:
   1 Ampere ($= 1$ A) ist definiert durch die Stärke eines zeitlich konstanten Stromes durch zwei geradlinige, parallele, unendlich lange Leiter von vernachlässigbar kleinem Querschnitt, die einen Abstand von 1 m haben und zwischen denen die durch den Strom hervorgerufene Kraft im leeren Raum pro 1 m Leitungslänge $2 \cdot 10^{-7}$ mkg/s^2 beträgt.

5. Die Temperatur:
1 Kelvin (= 1 K) ist der 273,16te Teil der Differenz zwischen der Temperatur des absoluten Nullpunkts und der Temperatur, bei der die drei Zustandsformen des Wassers gleichzeitig auftreten (Tripelpunkt).
Der Zusammenhang zwischen Kelvintemperatur T und Celsiustemperatur ϑ ist gegeben durch

$$\vartheta = T - 273,15 \text{ K}.$$

Die Bezeichnung MKSA-System soll auf die Basiseinheiten m, kg, s, A hinweisen.

0.1.3 Einige abgeleitete Einheiten

1. Die Kraft:
Wegen des Zusammenhangs Kraft = Masse × Beschleunigung definiert man:

$$1 \text{ kg} \cdot 1 \, \frac{\text{m}}{\text{s}^2} = 1 \text{ Newton} = 1 \text{ N}.$$

Die Kraft 1 Newton erteilt also der Masse 1 kg die Beschleunigung $1 \, \frac{\text{m}}{\text{s}^2}$.

In dem früher viel benutzten »Technischen Maßsystem« wurde für die Kraft die Einheit 1 Kilopond = 1 kp verwendet. Dabei ist 1 kp die Gewichtskraft, die an einem Ort mit der Normbeschleunigung $g_n = 9,80665 \, \frac{\text{m}}{\text{s}^2}$ auf eine Masse von 1 kg wirkt. Es ergeben sich damit folgende Umrechnungen:

$$1 \text{ kp} = 9,80665 \text{ N} \quad \text{oder} \quad 1 \text{ N} \approx 0,102 \text{ kp}.$$

2. Arbeit, Energie, Leistung:
Für die Einheit der Arbeit (= Kraft × Weg) schreibt man

$$1 \text{ N} \cdot 1 \text{ m} = 1 \text{ Joule} = 1 \text{ J}.$$

Demnach muß eine Arbeit von 1 J aufgewendet werden, wenn ein Körper mit der Kraft 1 N um 1 m verschoben wird.
Die Leistung (= Arbeit pro Zeit) erhält die Einheit

$$\frac{1 \text{ Nm}}{1 \text{ s}} = \frac{1 \text{ J}}{1 \text{ s}} = 1 \text{ Watt} = 1 \text{ W}.$$

Eine veraltete, aber immer noch verwendete Einheit ist die Pferdestärke (PS):

$$1 \text{ PS} = 75 \, \frac{\text{mkp}}{\text{s}} \approx 735,5 \text{ W}.$$

3. Wärmemenge:
Da es sich bei der Wärmemenge um eine Energie handelt, braucht keine neue Einheit definiert zu werden. Häufig begegnet man noch der älteren Einheit Kalorie (cal). Mit einer Kalorie ist diejenige Energie gemeint, die man braucht, um 1 g Wasser von 14,5 °C auf 15,5 °C zu erwärmen. Experimentell ergibt sich der Zusammenhang

$$1 \text{ cal} \approx 4,186 \text{ Ws}.$$

In vielen praktischen Fällen sind die bis jetzt eingeführten Einheiten unhandlich: sie sind zu groß oder zu klein. Dann kann man vor die Einheit eines der nachfolgend angegebenen Vorsatzzeichen setzen:

$$
\begin{array}{ll}
\text{T} = \text{Tera} = 10^{12} & \text{d} = \text{Dezi} = 10^{-1} \\
\text{G} = \text{Giga} = 10^{9} & \text{c} = \text{Zenti} = 10^{-2} \\
\text{M} = \text{Mega} = 10^{6} & \text{m} = \text{Milli} = 10^{-3} \\
\text{k} = \text{Kilo} = 10^{3} & \mu = \text{Mikro} = 10^{-6} \\
\text{h} = \text{Hekto} = 10^{2} & \text{n} = \text{Nano} = 10^{-9} \\
\text{da} = \text{Deka} = 10^{1} & \text{p} = \text{Piko} = 10^{-12} \\
 & \text{f} = \text{Femto} = 10^{-15} \\
 & \text{a} = \text{Atto} = 10^{-18}
\end{array}
$$

So schreibt man z. B.

$$0{,}000001 \, \text{A} = 1 \cdot 10^{-6} \, \text{A} = 1 \, \mu\text{A} \, .$$

0.2 Schreibweise von Gleichungen

0.2.1 Größengleichungen

Gleichungen werden in der Elektrotechnik inzwischen im allgemeinen als **Größengleichungen** geschrieben. Gleichungen dieser Form haben den Vorteil, daß sie für beliebige Einheiten richtig sind. Man hat dabei die physikalische Größe als Produkt aus Zahlenwert und Einheit in die Gleichung einzusetzen. Man schreibt z. B. für das Formelzeichen a:

$$a = \{a\} \cdot [a] \, ,$$

wobei $\{a\}$ den Zahlenwert der Größe a bedeutet und $[a]$ ihre Einheit. Zahlenwert und Einheit sind wie algebraische Größen zu behandeln.

Als Beispiel notieren wir den Ausdruck für die Energie, die aufzuwenden ist, um einen Körper der Masse m und der spezifischen Wärme c um die Temperaturdifferenz $\Delta\vartheta$ zu erwärmen:

$$W = c \, m \, \Delta\vartheta \, . \tag{0.1}$$

Die Anwendung dieser Gleichung führt immer zu richtigen Ergebnissen, wenn man nur jede der Größen W, c, m, $\Delta\vartheta$ als Produkt aus Zahlenwert und Einheit auffaßt. Beim Zusammenfassen der Einheiten auf der rechten Seite der Gleichung muß sich eine Energieeinheit ergeben. Das Rechnen mit Größengleichungen hat demnach auch den Vorteil, daß Fehler durch Einheitenkontrolle gefunden werden können.

0.2.2 Zahlenwertgleichungen

Früher wurden in der Physik und Technik sehr oft statt der Größengleichungen die unzweckmäßigeren **Zahlenwertgleichungen** benutzt. In diesen Gleichungen bedeuten die Formelzeichen reine Zahlenwerte. Solche Gleichungen liefern nur dann richtige Ergebnisse, wenn die eingesetzten Werte in ganz bestimmten Einheiten gemessen werden. Eine der Gl. (0.1) entsprechende Zahlenwertgleichung sieht z. B. so aus:

$$W = 4{,}186 \, c \, m \, \Delta\vartheta \, . \tag{0.2}$$

Hier wird vorausgesetzt, daß c in cal/(g $\cdot$ K), m in g und $\Delta\vartheta$ in K bekannt sind. Dann liefert die Formel nach Einsetzen der Zahlenwerte die Anzahl der Wattsekunden, die für den Erwärmungsvorgang gebraucht werden.

0.2.3   Zugeschnittene Größengleichungen

Zugeschnittene Größengleichungen sind Größengleichungen, die sich bei Verwendung bestimmter Einheiten (auf die sie zugeschnitten sind) besonders einfach handhaben lassen. Wir zeigen das an dem Beispiel der Gl. (0.1), indem wir diese so umwandeln, daß eine mit Gl. (0.2) verwandte Form entsteht.

Zu dem Zweck dividieren wir Gl. (0.1) auf beiden Seiten durch 1 Ws. Für 1 Ws schreiben wir auf der rechten Gleichungsseite gemäß Abschnitt 0.1.3 $1 \, \text{Ws} \approx 1/4{,}186 \, \text{cal}$:

$$\frac{W}{1 \, \text{Ws}} = \frac{4{,}186 \, c \cdot m \cdot \Delta\vartheta}{\text{cal}} \, .$$

Durch Erweitern auf der rechten Seite folgt weiter:

$$\frac{W}{1 \, \text{Ws}} = 4{,}186 \, \frac{c}{\dfrac{\text{cal}}{\text{g} \cdot \text{K}}} \, \frac{m}{\text{g}} \, \frac{\Delta\vartheta}{\text{K}} \, . \tag{0.3}$$

Läßt man hier die Einheiten fort, so entsteht Gl. (0.2), also eine Zahlenwertgleichung. Gl. (0.3) hat gegenüber Gl. (0.2) den Vorteil, daß sie auch bei Verwendung beliebiger Einheiten noch gültig ist; Voraussetzung ist dabei, daß man die auftretenden Größen **mit** ihren Einheiten einsetzt.

0.2.4   Der Begriff Dimension

Will man deutlich machen, in welcher Form die Grundgrößen in die abgeleiteten Größen eingehen, so verwendet man den Begriff Dimension (abgekürzt: dim) und schreibt z. B. für die Geschwindigkeit auf:

$$\dim(\text{Geschwindigkeit}) = \frac{\dim(\text{Weg})}{\dim(\text{Zeit})} \, .$$

1. Grundlegende Begriffe

1.1 Die elektrische Ladung

Bestimmte elektrische Phänomene, die man mit einem geriebenen Bernsteinstab vorführen kann, sind schon seit dem Altertum bekannt. Das griechische Wort für Bernstein (= Elektron) hat dann auch der Elektrizität ihren Namen gegeben.

Wir gehen von den folgenden grundlegenden Erscheinungen aus: Von einem geriebenen Bernsteinstab berührte Holundermarkkügelchen stoßen sich untereinander ab. Werden sie dann in die Nähe eines geriebenen Glasstabes gebracht, so zieht er sie zunächst an, stößt sie nach der Berührung jedoch ab. Diese Beobachtungen lassen sich nicht mit den aus der Mechanik bekannten Gravitationskräften erklären. Vielmehr handelt es sich hier um die Wirkungen einer neuen Größe, die man die **elektrische Ladung** nennt. Da zwischen Ladungen anziehende und abstoßende Kräfte auftreten können, muß es zwei verschiedene Ladungsarten bzw. Ladungen mit unterschiedlichen Vorzeichen geben. Willkürlich ordnet man den Ladungen eines geriebenen Glasstabes das positive Vorzeichen zu, den Ladungen eines geriebenen Bernsteinstabes das negative Vorzeichen. Damit läßt sich die oben beschriebene Erfahrungstatsache so formulieren: Gleichnamige Ladungen stoßen sich ab, ungleichnamige ziehen sich an.

Ladungen lassen sich nicht in beliebig kleine Teilladungen aufteilen. Es gibt vielmehr eine kleinste Ladungsmenge, die sogenannte **Elementarladung** e. Irgendeine Ladung ist demnach immer ein ganzzahliges Vielfaches dieser Elementarladung:

$$Q = ne \quad (n \text{ ganz}). \tag{1.1}$$

Nachdem wir den Begriff Ladung erläutert haben, soll noch kurz über den Aufbau des Atoms gesprochen werden.

Das Atom besteht aus einem Kern und einer Hülle. Den Kern bilden **Protonen,** die jeweils die Ladung $+e$ tragen, und **Neutronen,** die – wie die Bezeichnung schon andeutet – ungeladen sind. Die den Kern auf sieben Schalen umkreisenden **Elektronen,** die alle die Ladung $-e$ haben, stellen die Atomhülle dar. Die Ladungen von Kern und Hülle sind gleich groß, jedoch von entgegengesetztem Vorzeichen, so daß das Atom insgesamt elektrisch neutral ist. Als Träger der Masse des Atoms ist im wesentlichen der Kern anzusehen, da die Elektronen eine etwa 1840mal kleinere Masse als die Protonen und die Neutronen besitzen. Das hier skizzierte Atommodell geht auf die Vorstellungen Bohrs zurück und wird wegen der naheliegenden Analogie als Bohrsches Planetenmodell des Atoms bezeichnet.

Die Elektronen eines Atoms sind um so stärker an den Kern »gebunden«, je geringer der Abstand zwischen Kern und Elektron ist. Bei manchen Stoffen lassen sich Elektronen der äußersten Schale wegen der geringeren Bindekräfte aus dem Atomverband herauslösen: es entsteht ein positives **Ion** (= Kation). Nimmt dagegen die äußerste Schale Elektronen auf, so erhält man ein negatives Ion (= Anion).

1.2 Der elektrische Strom

Wir denken an eine Flüssigkeitsmenge, die innerhalb einer bestimmten Zeit irgendeinen Querschnitt durchströmt. Die Stärke der Strömung charakterisiert man durch den Quotienten aus

Menge und Zeit und nennt ihn die Stromstärke oder einfach den Strom. Zusätzlich ist der Strom durch seine Richtung gekennzeichnet. Entsprechend definiert man den **elektrischen Strom**:

$$I_m = \frac{\Delta Q}{\Delta t} \;.$$ (1.2)

Dabei bedeuten demnach ΔQ die innerhalb des Zeitraums Δt durch den betrachteten Querschnitt hindurchtretende Ladung und I_m die mittlere Stromstärke während des Zeitraums Δt. Wenn zu gleichen Zeitintervallen Δt unterschiedliche Ladungen gehören, gibt man im allgemeinen den Augenblickswert des Stromes an:

$$i(t) = \lim_{\Delta t \to 0} \frac{\Delta Q}{\Delta t} = \frac{dQ}{dt} \;.$$ (1.3)

Wir lösen jetzt die Gl. (1.2) nach der Ladung auf und erhalten zuerst für die während des Zeitraums Δt transportierte Ladung:

$$\Delta Q = I_m \Delta t \;.$$ (1.4)

Ist die Stromstärke während des Zeitraums Δt konstant, so schreibt man an Stelle des Mittelwertes I_m einfach I:

$$\Delta Q = I \Delta t \;.$$ (1.5)

Bei beliebigem zeitlichen Verlauf des Stromes kann die Ladung, die etwa zwischen den Zeitpunkten t_1 und t_2 durch den betrachteten Querschnitt hindurchtritt, wegen Gl. (1.3) durch folgende Integration bestimmt werden:

$$Q = \int_{t_1}^{t_2} i(t)\,dt \;.$$ (1.6)

Wir weisen an dieser Stelle darauf hin, daß in der Elektrotechnik zeitlich konstante Größen vielfach durch große Buchstaben gekennzeichnet werden (z. B. Strom I), zeitlich veränderliche Größen dagegen durch kleine Buchstaben (z. B. Strom i).

Die durch die Gln. (1.2) bis (1.6) beschriebenen Zusammenhänge werden in Bild 1.1 veranschaulicht, und zwar einmal für einen zeitlich konstanten Strom, man spricht hier von einem **reinen Gleichstrom**. Im anderen Fall ist der Strom eine periodische Funktion mit der Periode T, wobei innerhalb dieser Periode genau so viel Ladung in der einen wie in der anderen Richtung, im Mittel also gar keine Ladung transportiert wird. Einen solchen Strom nennt man einen **reinen Wechselstrom**.

Da die Einheiten des Stromes und der Zeit in dem von uns verwendeten Maßsystem (Abschnitt 0.1.2) bereits festgelegt sind, wird die Einheit der Ladung eine abgeleitete Einheit. Mit Gl. (1.5) erhalten wir

$$[\Delta Q] = [I][\Delta t] = 1\,\text{A} \cdot 1\,\text{s} \;.$$

Damit ist eine mögliche Einheit der Ladung 1 Amperesekunde. Da diese Einheit häufig vorkommt, hat sie einen speziellen Namen erhalten:

$$\underline{1\,\text{As} = 1\,\text{Coulomb} = 1\,\text{C}} \;.$$

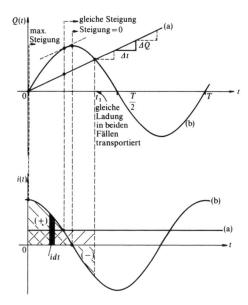

Bild 1.1. Zusammenhang zwischen transportierter Ladung und Stromstärke
(a) reiner Gleichstrom
(b) reiner Wechselstrom

Nachdem die Ladungseinheit nun bekannt ist, notieren wir als Ergänzung zu Abschnitt 1.1 die Größe der **Elementarladung**:

$$e = 1{,}602 \cdot 10^{-19}\,\text{C}\,.$$

(Ein Elektron hat die Ladung $-e$.)

Dem elektrischen Strom ist willkürlich eine Richtung zugeordnet worden: Man betrachtet die Bewegungsrichtung positiver Ladungsträger als die positive Stromrichtung und spricht auch von der **konventionellen** oder **technischen Stromrichtung**. Die Bewegungsrichtung der negativen Elektronen z. B. in einer Elektronenröhre stimmt dann also nicht mit der konventionellen Stromrichtung überein (Bild 1.2).

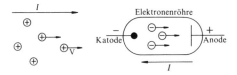

Bild 1.2. Konventionelle Stromrichtung und Bewegungsrichtung der Elektronen

Man teilt die Stoffe nach ihrer Fähigkeit, den Strom zu leiten, in **Leiter, Nichtleiter** und **Halbleiter** ein. Zu den Leitern gehören die Metalle und die Elektrolyte (Säuren und Salzlösungen). Bei diesen Stoffen sind die Ladungsträger frei beweglich. Halbleiter unterscheiden sich in dieser Hinsicht nicht von den Leitern, nur ist die Dichte der frei beweglichen Ladungsträger um Zehnerpotenzen geringer. Beispiele für Halbleiter sind Silizium, Germanium, Selen. Nichtleiter besitzen dagegen keine frei beweglichen Ladungsträger. Hier sind nur geringe Ladungsverschiebungen oder Drehungen (bei Dipolen) möglich. Als Beispiele für Nichtleiter seien genannt: Porzellan, Gummi, Hartpapier.

Die frei beweglichen Ladungsträger in Metallen bewegen sich ungeordnet auf Zickzackbahnen (»Elektronengas«, »Elektronenwolke«). Ein Strom durch den Leiter kommt erst zustande, wenn sich dieser statistisch verteilten Bewegung eine Bewegung in einer Vorzugsrichtung überlagert (Driftbewegung).

Der elektrische Strom ist im wesentlichen durch drei Wirkungen gekennzeichnet:
1. Jeder Strom ist von einem Magnetfeld begleitet (Bild 1.3 und Abschnitt 5).

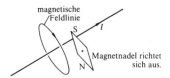

Bild 1.3.   Magnetische Wirkung des elektrischen Stromes

2. Der Stromfluß ist vor allem bei den Elektrolyten mit einem Stofftransport verbunden.
3. Ein von einem Strom durchflossener Leiter erwärmt sich.

Alle drei Wirkungen lassen sich zur Ermittlung der Stromstärke heranziehen:
zu 1.: Drehspulmeßinstrument (s. Abschnitt 5.2.3);
zu 2.: Früher wurde die Einheit der Stromstärke durch das sog. »Silberampere« definiert, d.h. durch die bei Stromfluß innerhalb einer gewissen Zeit aus einer Silbersalzlösung ausgeschiedene Menge Silber;
zu 3.: Hitzdrahtamperemeter.

Beispiel 1.1

Geschwindigkeit freier Elektronen im Leiter
Durch einen Kupferdraht mit dem Querschnitt $A = 50 \, \text{mm}^2$ fließt der Strom $I = 200 \, \text{A}$. Wie groß ist die mittlere Geschwindigkeit (Driftgeschwindigkeit) der freien Elektronen, wenn deren Dichte $N = 8,5 \cdot 10^{19}$ mm^{-3} beträgt?

Lösung:
Der Weg Δx wird in der Zeit Δt zurückgelegt. Während dieser Zeit wird die Ladung (s. Bild 1.4)

$$\Delta Q = I \, \Delta t \;\; \text{mit} \;\; \Delta Q = e N \, \Delta x \, A$$

transportiert. Damit folgt

$$\frac{\Delta x}{\Delta t} = v = \frac{I}{e N A} \approx 0,3 \, \frac{\text{mm}}{\text{s}} \,.$$

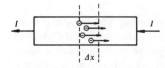

Bild 1.4.   Zur Berechnung der Driftgeschwindigkeit

1.3 Die elektrische Spannung

Im letzten Abschnitt haben wir die Frage nach der Ursache für den elektrischen Strom offengelassen. Es liegt nahe, daß eine Kraft erforderlich ist, um die Ladungen im Leiter zu bewegen, und daß mit der Bewegung ein Energieumsatz verbunden ist. Wir verdeutlichen das an Hand des Bildes 1.5,

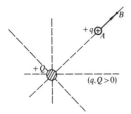

Bild 1.5. Zur Änderung der potentiellen Energie beim Verschieben der Ladung *q* von *A* nach *B*

in dem zwei Ladungen *Q* und *q* dargestellt sind. Haben beide Ladungen gleiches Vorzeichen, so stoßen sie sich nach Abschnitt 1.1 ab. Bei einer Bewegung der Ladung *q* von *A* nach *B* nimmt die potentielle Energie dieser Ladung ab, etwa von W_A auf W_B. Die Energiedifferenz wird in kinetische Energie umgewandelt. Damit ist der Vorgang analog zur Bewegung einer Masse im Schwerefeld der Erde: Ein von *A* nach *B* fallender Stein gewinnt eine kinetische Energie, die gleich der Abnahme seiner potentiellen Energie ist. So wie diese potentielle Energie der Masse proportional ist, so erweist sich die potentielle Energie des Ladungsträgers als der Ladung proportional:

$$W_A - W_B \sim q \,.$$

Man führt als Proportionalitätsfaktor auf der rechten Seite die **elektrische Spannung** ein, die mit *U* bezeichnet wird. Damit haben wir

$$\boxed{\frac{W_A - W_B}{q} = \frac{W_{AB}}{q} = U_{AB}} \,, \tag{1.7}$$

wobei der Index bei *U* ausdrückt, daß die Spannung zwischen den Punkten *A* und *B* gemeint ist.

Ganz allgemein nennt man eine Einrichtung, in der die bewegten Ladungen potentielle Energie abgeben, einen **Verbraucher** und den Quotienten nach Gl. (1.7) den **Spannungsabfall** *U* (oder einfach die Spannung *U* an dem Verbraucher). Einrichtungen, die die potentielle Energie der Ladungen erhöhen, bezeichnet man als **Erzeuger,** Spannungsquellen oder Generatoren und die gemäß Gl. (1.7) definierte Spannung als **Quellenspannung** U_q oder *U*.
Die Ausdrücke Verbraucher und Erzeuger haben sich eingebürgert, obwohl in ihnen Energie weder verbraucht noch erzeugt, sondern nur in andere Energieformen umgesetzt wird, z.B. elektrische Energie in Wärme im stromdurchflossenen Leiter oder mechanische in elektrische Energie in der Dynamomaschine.
Die Richtung der Spannung wählt man bei einem Verbraucher im allgemeinen genauso wie die des Stromes. (Die möglichen Zuordnungen kommen in Abschnitt 2.4.1 zur Sprache.) Damit gibt der Spannungspfeil die Bewegungsrichtung der positiven Ladungsträger bei Abgabe potentieller Energie an. Bei Zunahme der potentiellen Energie – also bei Generatoren – ist konsequenterweise der Spannungspfeil entgegengesetzt zum Strompfeil einzutragen (Bild 1.6). Den

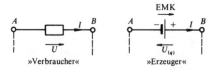

Bild 1.6.   Richtung von Strom und Spannung bei Verbrauchern und Erzeugern

Anschlußklemmen von Verbrauchern und Generatoren ordnet man Vorzeichen zu, und zwar so, daß außerhalb des Generators der Strom vom positiven zum negativen Pol oder Anschluß fließt, somit innerhalb des Generators vom negativen zum positiven Anschluß (Bild 1.6). Die Spannung ist bei Verbrauchern und Generatoren stets vom Pluspol zum Minuspol gerichtet. Aus Gl. (1.7) ergibt sich eine mögliche Einheit der Spannung zu

$$[U] = \frac{[W]}{[q]} = \frac{1\,\text{J}}{1\,\text{As}} = \frac{1\,\text{W}}{1\,\text{A}},$$

wofür man abkürzend schreibt:

$$\frac{1\,\text{W}}{1\,\text{A}} = 1\,\text{Volt} = 1\,\text{V}.$$

1.4   Der elektrische Widerstand

Um einen elektrischen Strom durch einen Leiter zu treiben, ist Energie erforderlich, da der Leiter der freien Bewegung der Ladungen einen Widerstand entgegensetzt. Je größer der Strom durch den Leiter (Bild 1.7) werden soll, desto größer muß im allgemeinen die Spannung zwischen den

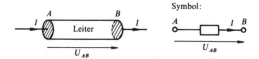

Bild 1.7.   Zur Definition des Widerstandes R_{AB}.

Leiterenden A und B sein. Man definiert als **Widerstand** R_{AB} des Leiters den Quotienten aus Spannung U_{AB} und Strom I:

$$R_{AB} = \frac{U_{AB}}{I} \tag{1.8}$$

Dieser Quotient kann vom Strom abhängen, aber auch konstant sein (s. Abschnitt 2.1.1). In manchen Fällen, z.B. zur Charakterisierung nichtlinearer Zweipole (Abschnitt 2.5.1), ist es zweckmäßig, mit einem **differentiellen Widerstand** r_{AB} zu arbeiten, der so definiert ist:

$$r_{AB} = \frac{dU_{AB}}{dI}. \tag{1.9}$$

Eine Einheit des Widerstandes kann aus Gl. (1.8) hergeleitet werden:

$$[R] = \frac{[U]}{[I]} = \frac{1\,\text{V}}{1\,\text{A}}\,.$$

Für den Quotienten V/A schreibt man abkürzend

1 V/A = 1 Ohm = 1 Ω .

Den Kehrwert des Widerstandes R nennt man den **Leitwert** G

$$G = \frac{1}{R} \tag{1.10}$$

mit der möglichen Einheit 1/Ohm, die einen speziellen Namen erhalten hat:

1/Ω = 1 Siemens = 1 S .

Bei einem homogenen Leiter von gleichbleibendem Querschnitt A und der Länge l ist der Widerstand erfahrungsgemäß der Länge proportional und dem Querschnitt umgekehrt proportional:

$$R \sim \frac{l}{A}\,.$$

Den Proportionalitätsfaktor auf der rechten Seite nennt man den **spezifischen Widerstand** ϱ des Leitermaterials, seinen Kehrwert bezeichnet man als die **elektrische Leitfähigkeit** γ. Damit hat man

$$\boxed{R = \varrho\,\frac{l}{A} = \frac{l}{\gamma A}}\,. \tag{1.11}$$

Für die Leitfähigkeit werden vielfach auch die Bezeichnungen σ und $\varkappa$ verwendet. Wir halten uns jedoch hier wie an anderen Stellen an die Empfehlungen von DIN 1304 und ziehen die Bezeichnung γ vor.

Als Einheiten für die Größen ϱ und γ lassen sich mit (1.11) herleiten:

$$[\varrho] = \frac{[R][A]}{[l]} = \frac{\Omega\,\text{m}^2}{\text{m}} = \Omega\,\text{m}$$

$$[\gamma] = \frac{[l]}{[R][A]} = \frac{\text{m}}{\Omega\,\text{m}^2} = \text{S/m}\,.$$

Beispiel 1.2

»**Widerstandsnormal**«
Ein Quecksilberfaden von 1 mm^2 Querschnitt soll als »Widerstandsnormal« dienen und den Widerstand 1 Ω haben. Wie lang muß der Faden sein, wenn der spezifische Widerstand von Quecksilber 0,958 Ω mm^2/m beträgt?

Lösung:
Gl. (1.11) wird nach l aufgelöst:

$$l = \frac{R\,A}{\varrho} = \frac{1\,\Omega \cdot 1\,\text{mm}^2}{0{,}958\,\Omega\,\text{mm}^2/\text{m}} \approx 1{,}04\,\text{m}\,.$$

1.5   Energie und Leistung

Wird eine elektrische Ladung von einem Punkt zu einem anderen bewegt und besteht zwischen diesen beiden Punkten die zeitlich konstante Spannung U, so ist diese Bewegung nach Gl. (1.7) mit einem Energieumsatz von

$$W = Q U$$
(1.12)

verbunden. Ist nun die Spannung nicht mehr zeitlich konstant, so daß während eines ersten Zeitintervalls Δt_1 die von der Ladung ΔQ_1 durchlaufene Spannung U_1 beträgt und im nächsten Zeitintervall Δt_2 dann zu der Ladung ΔQ_2 die Spannung U_2 gehört usw., so erhält man an Stelle von Gl. (1.12):

$$W = U_1 \Delta Q_1 + U_2 \Delta Q_2 + \dots$$
(1.13)

Durchläuft z.B. die Ladung ΔQ_1 die Spannung U_1 in der Zeit Δt_1 so kann man für ΔQ_1 wegen Gl. (1.5) auch schreiben:

$$\Delta Q_1 = I_1 \Delta t_1 .$$

Entsprechendes gilt für die anderen Summanden in Gl. (1.13), so daß folgt:

$$W = U_1 I_1 \Delta t_1 + U_2 I_2 \Delta t_2 + \dots = \sum_k U_k I_k \Delta t_k .$$

Hierbei werden U_k und I_k während der Zeitintervalle Δt_k als konstant angesehen (daher große Buchstaben). Wir gehen jetzt zum Grenzwert der Summe ($\Delta t_k \to 0$) und damit zum Integral über und erhalten die zwischen den Zeitpunkten t_1 und t_2 umgesetzte Energie:

$$W = \int_{t_1}^{t_2} u(t) i(t) dt$$
(1.14)

Für den Sonderfall des reinen Gleichstroms (u und i sind konstant) wird die im Zeitraum t umgesetzte Energie

$$W = U I t .$$
(1.15)

Eine mögliche Einheit der Energie ergibt sich wegen Gl. (1.15) zu

$$[W] = [U][I][t] = 1 \text{ V } 1 \text{ A } 1 \text{ s} = 1 \text{ Ws} = 1 \text{ J} ,$$

womit wir uns in Übereinstimmung mit Abschnitt 0.1.3 befinden. Für viele Zwecke ist die Maßeinheit Ws zu klein, dann verwendet man oft die Einheit Kilowattstunde:

$$1 \text{ kWh} = 3,6 \cdot 10^6 \text{ Ws} .$$

Gelegentlich braucht man die folgenden Umrechnungen:

$$1 \text{ Ws} = 0,102 \text{ mkp} = 0,239 \text{ cal} ,$$
$$1 \text{ kWh} = 860 \text{ kcal} .$$

In Abschnitt 0.1.3 wurde die Leistung als Arbeit pro Zeit definiert, also

$$P = W/t ,$$

womit nach Gl. (1.15) für Gleichstrom herauskommt

$$P = U I$$ (1.16)

Ist die Leistung eine zeitlich veränderliche Größe, so wird der zeitliche Mittelwert der im Zeitraum Δt umgesetzten Leistung

$$P_m = \frac{\Delta W}{\Delta t}$$

und der Augenblickswert

$$P(t) = \lim_{\Delta t \to 0} \frac{\Delta W}{\Delta t} = \frac{dW}{dt}$$ (1.17)

2. Berechnung von Strömen und Spannungen in elektrischen Netzen

2.1 Die Grundgesetze

2.1.1 Das Ohmsche Gesetz

Wenn auf die Leitungselektronen des Widerstandes R eine Kraft wirkt (Bild 2.1), so fließt im Widerstand ein Strom I. Dieser Strom wächst, wenn U größer wird; der Strom wächst aber

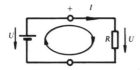

Bild 2.1.   Stromkreis aus Batterie und Widerstand

auch, wenn der Wert R des Widerstandes abnimmt. Speziell in einem metallischen Leiter von konstanter Form und Größe ist der Strom der Spannung **streng proportional** (Bild 2.2), solange auch die **Temperatur konstant** gehalten wird:

$$\boxed{I \sim U}\ .$$
(2.1)

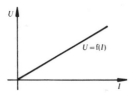

Bild 2.2.   Kennlinie $U = f(I)$ eines ohmschen Widerstandes

Diese Proportionalität zwischen Spannung und Strom in metallischen Leitern nennt man **Ohmsches Gesetz.** Normalerweise schreibt man statt der Proportionalität eine Gleichung mit dem Proportionalitätsfaktor R, dem sogenannten ohmschen Widerstand:

$$\boxed{U = R\,I}\qquad \text{(mit } R = \text{konst)}\,.$$
(2.2a)

Umgeformt ergibt dies

$$I = \frac{U}{R}$$
(2.2b)

oder

$$R = \frac{U}{I}.$$

(2.2c)

Das Bild 2.2 stellt dar, daß der Zusammenhang zwischen U und I eine Gerade ist. Man spricht deshalb auch davon, daß U und I **linear** zusammenhängen (Linearität der Strom-Spannungs-Kennlinie $U = f(I)$). Den Kehrwert des Widerstandes R nennt man **Leitwert** G:

$$G = \frac{1}{R}.$$

(2.3)

Damit wird aus den Gln. (2.2)

$$U = \frac{I}{G}; \quad I = G U; \quad G = \frac{I}{U}.$$

(2.4 a, b, c)

Bemerkenswert ist, daß in der deutschen Sprache zwischen dem Bauelement »Widerstand« und seinem Widerstandswert nicht unterschieden wird. (Im Englischen heißt das Bauelement **resistor** und sein Widerstandswert **resistance**.)

Anmerkung: Temperaturabhängigkeit von Widerständen

In einem metallischen Leiter gilt das Ohmsche Gesetz $I \sim U$ nur, solange die Temperatur konstant ist. Der Widerstand solcher Leiter ist also stromunabhängig, aber temperaturabhängig; er nimmt im allgemeinen mit der Temperatur zu. Bei reinen Metallen (außer den ferromagnetischen) ist der spezifische Widerstand ϱ oberhalb einer bestimmten Temperatur eine nahezu lineare Funktion der Temperatur ϑ (Bild 2.3).

Völlig anders als reine Metalle verhalten sich bestimmte Legierungen, bei denen der spezifische Widerstand innerhalb eines größeren Temperatur-Bereiches sogar abnimmt. So nimmt beispielsweise der spezifische Widerstand von Manganin (86 % Cu, 12 % Mn, 2 % Ni) im Bereich von 35 °C bis 200 °C mit steigender Temperatur geringfügig ab (siehe Bild 2.3).

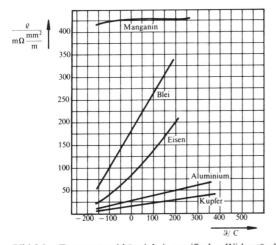

Bild 2.3. Temperaturabhängigkeit spezifischer Widerstände

Bei Temperaturen um $\vartheta = 20\,°\mathrm{C}$ beschreibt man das Verhalten von Widerstands-Materialien gern durch folgende Annäherung der Funktion $R = \mathrm{f}(\vartheta)$ an eine Geraden-Gleichung:

$$R \approx R_{20}\left[1 + \alpha_{20}\left(\frac{\vartheta}{°\mathrm{C}} - 20\right)\mathrm{K}\right].$$

Hierbei ist R_{20} der Wert, den ein ohmscher Widerstand bei $20\,°\mathrm{C}$ hat. α_{20} ist der materialspezifische **Temperaturbeiwert** (Temperatur-Koeffizient); er ist ein Maß für die relative Zunahme des Widerstandswertes bei Erhöhung der Temperatur um $1\,\mathrm{K}$. Je weniger linear die Funktion $R = \mathrm{f}(\vartheta)$ in Wirklichkeit ist, desto kleiner ist der Temperaturbereich, in dem die Annäherung durch eine Gerade brauchbar ist. Eine genauere Beschreibung der Temperatur-Abhängigkeit erreicht man folgendermaßen:

$$R = R_{20}\left[1 + \alpha_{20}\left(\frac{\vartheta}{°\mathrm{C}} - 20\right)\mathrm{K} + \beta_{20}\left(\frac{\vartheta}{°\mathrm{C}} - 20\right)^2 \mathrm{K}^2 + \ldots\right].$$

Hierbei treten zum linearen Term mit dem Koeffizienten α der quadratische Term mit dem Koeffizienten β und eventuell noch mehr Terme hinzu.

In der folgenden Tabelle sind die spezifischen Widerstände ϱ, die spezifischen Leitwerte $\gamma = 1/\varrho$ und die Temperaturbeiwerte α und β für einige wichtige Stoffe zusammengestellt (alle Werte gelten für $\vartheta = 20\,°\mathrm{C}$).

In dieser Tabelle gibt ϱ_{20} den spezifischen Widerstand bei $20\,°\mathrm{C}$ an. Da ϱ_{20} in $\Omega\mathrm{mm}^2/\mathrm{m}$ angegeben wird, geben die Zahlenwerte in der ersten Spalte der Tabelle unmittelbar an, <u>wieviel Ohm ein Widerstand (Draht) von 1 m Länge und 1 mm² Querschnitt hat.</u> So ist z.B. der Widerstandswert eines Konstantandrahtes von 1 m Länge und 1 mm² Querschnitt: $R = 0,5\,\Omega$.

Spezifischer Widerstand und Temperaturbeiwerte verschiedener Materialien

Material	$\dfrac{\varrho_{20}}{\Omega\,\dfrac{\mathrm{mm}^2}{\mathrm{m}}}$	$\dfrac{\gamma_{20}}{\mathrm{S}\,\dfrac{\mathrm{m}}{\mathrm{mm}^2}}$	$\dfrac{\alpha_{20}}{1/\mathrm{K}}$	$\dfrac{\beta_{20}}{1/\mathrm{K}^2}$
1. Reinmetalle				
Aluminium	0,027	37	$4,3 \cdot 10^{-3}$	$1,3 \cdot 10^{-6}$
Blei	0,21	4,75	$3,9 \cdot 10^{-3}$	$2,0 \cdot 10^{-6}$
Eisen	0,1	10	$6,5 \cdot 10^{-3}$	$6,0 \cdot 10^{-6}$
Gold	0,022	45,2	$3,8 \cdot 10^{-3}$	$0,5 \cdot 10^{-6}$
Kupfer	0,017	58	$4,3 \cdot 10^{-3}$	$0,6 \cdot 10^{-6}$
Nickel	0,07	14,3	$6,0 \cdot 10^{-3}$	$9,0 \cdot 10^{-6}$
Platin	0,098	10,5	$3,5 \cdot 10^{-3}$	$0,6 \cdot 10^{-6}$
Quecksilber	0,97	1,03	$0,8 \cdot 10^{-3}$	$1,2 \cdot 10^{-6}$
Silber	0,016	62,5	$3,6 \cdot 10^{-3}$	$0,7 \cdot 10^{-6}$
Zinn	0,12	8,33	$4,3 \cdot 10^{-3}$	$6,0 \cdot 10^{-6}$

Material	$\dfrac{\varrho_{20}}{\Omega \dfrac{mm^2}{m}}$	$\dfrac{\gamma_{20}}{S \dfrac{m}{mm^2}}$	$\dfrac{\alpha_{20}}{1/K}$	$\dfrac{\beta_{20}}{1/K^2}$
2. Legierungen Konstantan (55 % Cu, 44 % Ni, 1 % Mn)	0,5	2	$-4,0 \cdot 10^{-5}$	
Manganin (86 % Cu, 2 % Ni, 12 % Mn)	0,43	2,27	$\pm 10^{-5}$	
Messing	0,066	15	$1,5 \cdot 10^{-3}$	
3. Kohle, Halbleiter Germanium (rein)	$0,46 \cdot 10^6$	$2,2 \cdot 10^{-6}$		
Graphit	8,7	0,115		
Kohle (Bürstenkohle)	40 ... 100	0,01 ... 0,025	$-2 \cdot 10^{-4} ...$ $-8 \cdot 10^{-4}$	
Silizium (rein)	$2,3 \cdot 10^9$	$0,43 \cdot 10^{-9}$		
4. Elektrolyte Kochsalzlösung (10 %)	$79 \cdot 10^3$	$12,7 \cdot 10^{-6}$		
Schwefelsäure (10 %)	$25 \cdot 10^3$	$40,0 \cdot 10^{-6}$		
Kupfersulfatlösung (10 %)	$300 \cdot 10^3$	$3,3 \cdot 10^{-6}$		
Wasser (rein)	$2,5 \cdot 10^{11}$	$4,0 \cdot 10^{-10}$		
Wasser (destilliert)	$4 \cdot 10^{10}$	$2,5 \cdot 10^{-9}$		
Meerwasser	$300 \cdot 10^3$	$3,3 \cdot 10^{-6}$		
5. Isolierstoffe Bernstein	10^{22}			
Glas	$10^{17} ... 10^{18}$			
Glimmer	$10^{19} ... 10^{21}$			
Holz (trocken)	$10^{15} ... 10^{19}$			
Papier	$10^{21} ... 10^{22}$			
Polystyrol	bis 10^{22}			
Porzellan	bis $5 \cdot 10^{18}$			
Transformator-Öl	$10^{16} ... 10^{19}$			

Beispiel 2.1

Temperaturabhängigkeit eines Widerstandes

Eine Spule aus Kupferdraht hat bei 15 °C den Widerstandswert 20 Ω und betriebswarm den Wert 28 Ω. Welche Temperatur hat die betriebswarme Spule?

Lösung:

Zwischen dem Wert $R_k = 20 \, \Omega$ des Spulenwiderstandes bei $\vartheta_k = 15 \, °C$ und dem Wert R_{20} (Widerstand bei 20 °C) gilt die Beziehung

$$R_k = R_{20}\left[1 + \alpha_{20}\left(\frac{\vartheta_k}{^\circ C} - 20\right) K\right],$$

und für $R_w = 28\,\Omega$ gilt

$$R_w = R_{20}\left[1 + \alpha_{20}\left(\frac{\vartheta_w}{^\circ C} - 20\right) K\right].$$

In diesen beiden Gleichungen sind R_{20} und ϑ_w unbekannt. R_{20} kann sofort eliminiert werden:

$$\frac{R_k}{R_w} = \frac{1 + \alpha_{20}\left(\dfrac{\vartheta_k}{^\circ C} - 20\right) K}{1 + \alpha_{20}\left(\dfrac{\vartheta_w}{^\circ C} - 20\right) K}.$$

Daraus folgt mit $\alpha_{20} \approx 4 \cdot 10^{-3}/K$

$$\vartheta_w = 20\,^\circ C + \frac{R_w}{R_k}\left[\frac{^\circ C/K}{\alpha_{20}} + \vartheta_k - 20\,^\circ C\right] - \frac{^\circ C/K}{\alpha_{20}}$$

$$\vartheta_w = 20\,^\circ C + 1{,}4\left[\frac{10^3}{4}\,^\circ C - 5\,^\circ C\right] - \frac{10^3}{4}\,^\circ C = \underline{\underline{113\,^\circ C}}.$$

2.1.2 Die Knotengleichung (1. Kirchhoffsche Gleichung)

Wenn mehrere Leitungen (Zweige) in einem Knoten leitend miteinander verbunden sind (Bild 2.4a), so ist die Summe der zufließenden Ströme (I_1, I_2, I_3) gleich der Summe der abfließenden Ströme (I_4, I_5):

$$I_1 + I_2 + I_3 = I_4 + I_5 .$$

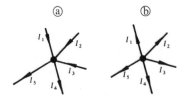

Bild 2.4a.   Knoten mit 3 zufließenden und 2 abfließenden Strömen

Bild 2.4b.   Knoten mit 5 abfließenden Strömen

Allgemein:

$$\sum I_{zu} = \sum I_{ab} .$$

Man kann auch sagen: in einem Knoten können keine Ladungen und damit auch keine Ströme verschwinden oder entstehen (ähnlich wie beim Zusammenfließen mehrerer Ströme einer inkompressiblen Flüssigkeit).

Bild 2.5. Knoten mit n abfließenden Strömen

Wenn man für jeden Strom den Zählpfeil vom Knoten weg orientiert, also alle Ströme als abfließend definiert, so muß die Summe aller dieser Ströme Null werden: es ist daher (vgl. Bild 2.4 b)

$$I_1 + I_2 + I_3 + I_4 + I_5 = 0 \, .$$

Allgemein gilt für einen Knoten, aus dem n Ströme abfließen (Bild 2.5):

$$\sum_{\nu=1}^{n} I_\nu = 0 \quad . \tag{2.5}$$

Diese Gleichung gilt sowohl für die Summe aller abfließenden Ströme, als auch für die Summe aller zufließenden Ströme, und man bezeichnet sie als 1. Kirchhoffsche Gleichung.

Die Gl. (2.5) gilt übrigens nicht nur für die Summe aller Ströme, die aus einem einzelnen Knoten abfließen, sondern sie gilt auch für die Summe der Ströme, die aus einem ganzen Netz abfließen. Das betrachtete Netz muß allerdings (wie zuvor der Knoten) der Bedingung genügen, daß in jedem einzelnen seiner Knoten und Schaltelemente die Gl. (2.5) gilt.

Beispiel 2.2

Zweimaschiges Netz als Großknoten
Ein Beispiel hierzu ist das in Bild 2.6 dargestellte Netz aus ohmschen Widerständen. Man kann das ganze Netz von außen als einen Großknoten mit den abfließenden Strömen I_A, I_B, I_C betrachten.

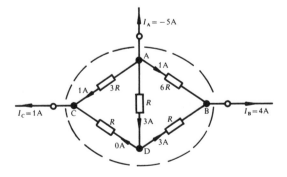

Bild 2.6. Zusammenfassung von vier Knoten zu einem Großknoten

Für die abfließenden Ströme gilt auch hier:

$$\sum I_v = I_A + I_B + I_C = 0 \, .$$

Auch in den Knoten A, B, C, D ist hierbei die Bedingung (2.5) erfüllt.

2.1.3   Die Umlaufgleichung (2. Kirchhoffsche Gleichung)

Bei der Darstellung des Ohmschen Gesetzes (vgl. Bild 2.1) wird vorausgesetzt, daß an der Batterie dieselbe Spannung U liegt wie am Widerstand. U tritt an der Batterie als Erzeugerspannung (Quellenspannung), im Widerstand als Verbraucherspannung (Spannungsabfall) auf.
Für den in Bild 2.1 dargestellten geschlossenen Stromkreis gilt, daß die verbrauchte Spannung der erzeugten gleich ist. Damit wird

$$\sum U_v = 0 \, . \qquad\qquad (2.6)$$

Hierbei ist $\sum U_v$ die Summe aller Spannungen, die entlang eines geschlossenen Umlaufes im Uhrzeigersinn (oder im Gegenzeigersinn) auftreten.
Wählt man, wie in Bild 2.1 eingezeichnet, einen geschlossenen Umlauf im Uhrzeigersinn und beginnt mit der Summenbildung an der Minusklemme, so liefert zunächst die Batterie den Beitrag $-U$ (Minuszeichen, weil in der Batterie Spannungszählpfeil und gewählte Umlaufrichtung entgegengerichtet sind) und dann der Widerstand den Beitrag $+U$:

$$\sum_{\circlearrowright} U_v = -U + U = 0 \, .$$

Beispiel 2.3

Umlaufgleichungen in einem zweimaschigen Netz
Anstatt der einfachen Schaltung in Bild 2.1 soll nun eine verzweigte Schaltung (Bild 2.7) betrachtet werden. Auch hier gilt die Beziehung (2.6) für jeden der drei möglichen geschlossenen Umläufe:

$$-U_q + U_1 \qquad\quad = 0 \quad \text{(linker Umlauf)}$$
$$-U_1 + U_2 + U_3 = 0 \quad \text{(rechter Umlauf)}$$
$$-U_q + U_2 + U_3 = 0 \quad \text{(großer Umlauf)} \, .$$

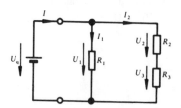

Bild 2.7.   Netz mit 3 Zweigen

Die Regel (2.6) läßt sich aus einer Leistungs-Betrachtung begründen. Wir tun dies am Beispiel der Schaltung in Bild 2.7. Die Batterie gibt gemäß Gl. (1.16) die Leistung

$$P_{ab} = I\,U_q$$

ab, die Widerstände nehmen die Leistung

$$P_{auf} = I_1 U_1 + I_2 U_2 + I_2 U_3$$

auf. Abgegebene und aufgenommene Leistung müssen gleich sein, also gilt

$$I U_q = I_1 U_1 + I_2 (U_2 + U_3).$$

Wegen Regel (2.5) ist $I = I_1 + I_2$; damit wird

$$I_1 U_q + I_2 U_q = I_1 U_1 + I_2 (U_2 + U_3).$$

Diese Gleichung muß auch erfüllt sein, wenn der Zweig mit R_2 und R_3 unterbrochen (d.h. $I_2 = 0$) wird; dann gilt

$$I_1 U_q = I_1 U_1$$
$$U_q = U_1.$$ (2.6a)

Sie muß aber auch erfüllt sein für $I_1 = 0$; dann ist

$$I_2 U_q = I_2 (U_2 + U_3)$$
$$U_q = U_2 + U_3.$$ (2.6c)

Der Vergleich der Gln. (2.6a) und (2.6c) liefert

$$U_1 = U_2 + U_3.$$ (2.6b)

Allgemein gilt auch in beliebig komplizierten Netzen auf jedem möglichen Umlauf, der n Spannungen umfaßt:

$$\boxed{\sum_{v=1}^{n} U_v = 0}.$$ (2.7)

Diese allgemein gültige Umlaufgleichung wird als 2. Kirchhoffsche Gleichung bezeichnet. Sie gilt nicht, wenn durch eine vom Umlauf berandete Fläche ein sich zeitlich änderndes Magnetfeld hindurchtritt; vgl. das Kapitel 6.1 »Induktionswirkungen«.

Elektromotorische Kraft

Die Gl. (2.7) sagt aus, daß in einem geschlossenen Umlauf die Summe aller Spannungen gleich Null ist. Diese Aussage kann man auch so formulieren: in einem geschlossenen Umlauf ist die Summe der erzeugten Spannungen gleich der Summe der verbrauchten Spannungen. Früher versuchte man dieser Betrachtungsweise dadurch gerecht zu werden, daß man zwischen erzeugten und verbrauchten Spannungen stärker unterschied. Man bezeichnete eine Erzeuger(Generator)-Spannung gern als elektromotorische Kraft (EMK) mit dem Buchstaben E. Bild 2.8 zeigt, daß die Zählpfeile für U und E einander entgegengerichtet sind. Die 2. Kirchhoffsche Gleichung lautet in dieser (veralteten) Darstellung nun

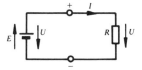

Bild 2.8.   EMK und Spannung einer Batterie

$$\sum_{\nu=1}^{m} E_\nu = \sum_{\nu=1}^{n} U_\nu ,$$ (2.8)

d. h.: die Summe der *m* bei einem Umlauf durchlaufenen Erzeugerspannungen ist gleich der Summe der *n* bei diesem Umlauf durchlaufenen Verbraucherspannungen.

2.2 Parallel- und Reihenschaltung

2.2.1 Reihenschaltung von Widerständen

Das Bild 2.9 zeigt drei hintereinander geschaltete (in Reihe geschaltete) Widerstände. Nach dem Ohmschen Gesetz (2.2 a) gilt

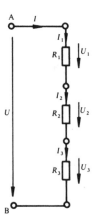

Bild 2.9. Reihenschaltung dreier Widerstände

$$U_1 = R_1 I_1$$ (2.9 a)

$$U_2 = R_2 I_2$$ (2.9 b)

$$U_3 = R_3 I_3 .$$ (2.9 c)

Die Addition dieser 3 Gleichungen liefert

$$U_1 + U_2 + U_3 = R_1 I_1 + R_2 I_2 + R_3 I_3 .$$ (2.10)

Wegen des ersten Kirchhoffschen Gesetzes, (2.5), gilt hier

$$I_1 = I_2 = I_3 = I$$ (2.11)

und wegen des zweiten, (2.7),

$$U_1 + U_2 + U_3 = U .$$ (2.12)

Setzt man die Gln. (2.11) und (2.12) in (2.10) ein, so ergibt sich

$$U = (R_1 + R_2 + R_3) I .$$ (2.13)

Dies ist das Ohmsche Gesetz (2.2a) für einen Widerstand von der Größe

$$R = R_1 + R_2 + R_3 ,\tag{2.14}$$

vgl. Bild 2.10. D. h.: drei in Reihe geschaltete Widerstände R_1, R_2, R_3 verhalten sich wie ein einziger Widerstand mit dem Wert $R = R_1 + R_2 + R_3$. Den resultierenden Widerstand einer Reihenschaltung von n Widerständen erhält man also aus der Addition der Teilwiderstände:

$$\boxed{R = \sum_{v=1}^{n} R_v} \quad \text{(Reihenschaltung)} .\tag{2.15}$$

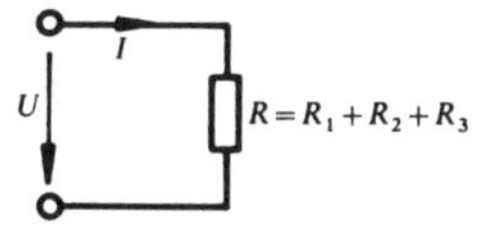

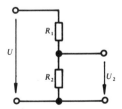

Bild 2.10.   Zum Ohmschen Gesetz

2.2.2 Spannungsteiler

Aus den Gln. (2.9a) und (2.11) folgt

$$U_1 = R_1 I ,$$

und mit Gl. (2.13) gilt dann

$$\frac{U_1}{U} = \frac{R_1 I}{(R_1 + R_2 + R_3) I} = \frac{R_1}{R_1 + R_2 + R_3} .$$

Allgemein gilt für die Teilspannung U_v am v-ten Teilwiderstand R_v einer Reihenschaltung aus n Widerständen:

$$U_v = \frac{R_v}{\sum_{v=1}^{n} R_v} U .\tag{2.16}$$

Bild 2.11.   Unbelasteter Spannungsteiler

Speziell an einer Reihenschaltung aus zwei Teilwiderständen (Bild 2.11) gilt also

$$U_2 = \frac{R_2}{R_1 + R_2} U \tag{2.17}$$

und

$$\frac{U_1}{U_2} = \frac{R_1}{R_2}. \tag{2.18}$$

Die Schaltung in Bild 2.11 nennt man einen **Spannungsteiler.**

2.2.3 Parallelschaltung von Widerständen

Das Bild 2.12 zeigt drei parallelgeschaltete Widerstände mit den Leitwerten

$$G_1 = \frac{1}{R_1}, \quad G_2 = \frac{1}{R_2}, \quad G_3 = \frac{1}{R_3}.$$

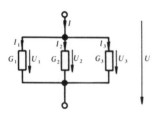

Bild 2.12.   Parallelschaltung dreier Widerstände

Wendet man die Darstellung (2.4b) des Ohmschen Gesetzes auf die drei Zweige der Parallelschaltung an, so wird

$$I_1 = G_1 U_1 \tag{2.19a}$$

$$I_2 = G_2 U_2 \tag{2.19b}$$

$$I_3 = G_3 U_3. \tag{2.19c}$$

Die Addition dieser 3 Gleichungen liefert

$$I_1 + I_2 + I_3 = G_1 U_1 + G_2 U_2 + G_3 U_3. \tag{2.20}$$

Wegen des zweiten Kirchhoffschen Gesetzes, (2.7), gilt hier

$$U_1 = U_2 = U_3 = U \tag{2.21}$$

und wegen des ersten, (2.5),

$$I_1 + I_2 + I_3 = I. \tag{2.22}$$

Setzt man die Gln. (2.21) und (2.22) in (2.20) ein, so ergibt sich

$$I = (G_1 + G_2 + G_3) U. \tag{2.23}$$

Dies ist das Ohmsche Gesetz (2.4 b) für einen Leitwert von der Größe

$$G = G_1 + G_2 + G_3 , \tag{2.24}$$

vgl. Bild 2.13. D. h. die drei parallelgeschalteten Leitwerte G_1, G_2, G_3 verhalten sich wie ein einziger Leitwert von der Größe $G = G_1 + G_2 + G_3$. Den resultierenden Leitwert einer Parallelschaltung von n Leitwerten erhält man also aus der Addition der Teilleitwerte:

$$\boxed{G = \sum_{v=1}^{n} G_v} \quad \text{(Parallelschaltung)}. \tag{2.25}$$

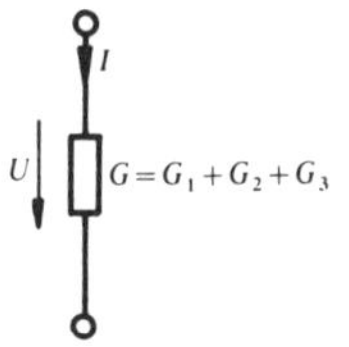

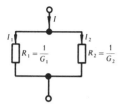

Bild 2.13.   Zum Ohmschen Gesetz

Der Gesamtwiderstand R einer Parallelschaltung von n Teilleitwerten ist demnach

$$R = \frac{1}{G} = \frac{1}{G_1 + G_2 + \ldots + G_v + \ldots + G_n} = \frac{1}{\dfrac{1}{R_1} + \dfrac{1}{R_2} + \ldots + \dfrac{1}{R_v} + \ldots + \dfrac{1}{R_n}}$$

$$R = \frac{1}{\sum\limits_{v=1}^{n} \dfrac{1}{R_v}}. \tag{2.26}$$

Vergleicht man die Darstellungen (2.25) und (2.26) miteinander, so zeigt sich deutlich, daß bei Parallelschaltung <u>bequemer mit Leitwerten</u> als mit Widerständen zu rechnen ist.

Bild 2.14.   Parallelschaltung zweier Widerstände

Speziell für zwei parallelgeschaltete Widerstände (Bild 2.14) gilt

$$R = \frac{1}{G} = \frac{1}{G_1 + G_2} = \frac{1}{\dfrac{1}{R_1} + \dfrac{1}{R_2}}$$

$$R = \frac{R_1 R_2}{R_1 + R_2}.$$

(2.27)

2.2.4 Stromteiler

Aus den Gln. (2.19a) und (2.21) folgt

$$I_1 = G_1 U$$

und mit Gl. (2.23) gilt dann

$$\frac{I_1}{I} = \frac{G_1 U}{(G_1 + G_2 + G_3) U} = \frac{G_1}{G_1 + G_2 + G_3}.$$

Allgemein gilt für den Teilstrom I_ν im ν-ten Teilleitwert G_ν einer Parallelschaltung aus n Leitwerten:

$$I_\nu = \frac{G_\nu}{\sum\limits_{\nu=1}^{n} G_\nu} I.$$

(2.28)

Speziell an einer Parallelschaltung aus zwei Teilleitwerten (Bild 2.14) gilt also

$$I_2 = \frac{G_2}{G_1 + G_2} I$$

(2.29a)

$$I_2 = \frac{\dfrac{1}{R_2}}{\dfrac{1}{R_1} + \dfrac{1}{R_2}} I$$

$$I_2 = \frac{R_1}{R_1 + R_2} I$$

(2.29b)

und

$$\frac{I_1}{I_2} = \frac{G_1}{G_2}; \quad \frac{I_1}{I_2} = \frac{R_2}{R_1}.$$

(2.30a, b)

2.2.5 Gruppenschaltung von Widerständen

In bestimmten Schaltungen lassen sich Gruppen von Widerständen zusammenfassen, die vom selben Strom durchflossen werden oder die an derselben Spannung liegen. Eine Schaltung, die sich ganz aus solchen Gruppen zusammensetzt, nennt man **Gruppenschaltung.**

Beispiel 2.4

Berechnung des resultierenden Widerstandes einer Gruppenschaltung
In Bild 2.15 wird eine Schaltung dargestellt, deren Gesamtwiderstand

$$R_{CD} = \frac{U}{I}$$

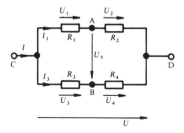

Bild 2.15.   Gruppenschaltung ohmscher Widerstände

sich leicht mit den Formeln (2.15) und (2.25) berechnen läßt:

$$R_{1,2} = R_1 + R_2,$$
$$R_{3,4} = R_3 + R_4 ;$$
$$R_{CD} = \frac{1}{G_{CD}} = \frac{1}{\dfrac{1}{R_{1,2}} + \dfrac{1}{R_{3,4}}} = \frac{1}{\dfrac{1}{R_1 + R_2} + \dfrac{1}{R_3 + R_4}}$$
$$R_{CD} = \frac{(R_1 + R_2)(R_3 + R_4)}{R_1 + R_2 + R_3 + R_4}. \qquad (2.31)$$

Dagegen läßt sich eine Brückenschaltung (Bild 2.16) nicht einfach als Kombination von Reihen- und Parallelschaltungen auffassen, weil im allgemeinen hier auch in R_5 ein Strom fließen wird. Dann fließen durch R_1 und R_2 unterschiedliche Ströme: R_1 und R_2 bilden jetzt also keine Reihenschaltung. Das gleiche gilt für R_3 und R_4. Ebenso treten in der Brückenschaltung keine parallelgeschalteten Widerstände auf; der Gesamtwiderstand $R_{CD} = U/I$ kann daher für diese Schaltung nicht aus den Formeln für Reihenschaltung (2.15) und Parallelschaltung (2.25) berechnet werden.

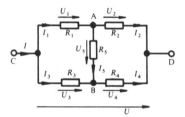

Bild 2.16.   Brückenschaltung

2.2.6 Brücken-Abgleich

Für die Spannungen U_1 und U_3 in Schaltung 2.15 gilt gemäß der Spannungsteiler-Formel (2.17):

$$U_1 = \frac{R_1}{R_1 + R_2} U \; ; \qquad U_3 = \frac{R_3}{R_3 + R_4} U \, .$$

Falls nun

$$\frac{R_1}{R_1 + R_2} = \frac{R_3}{R_3 + R_4} \tag{2.32a}$$

wird, gilt $U_1 = U_3$; man spricht in diesem Fall vom Abgleich der Schaltung 2.15, und die Anwendung der zweiten Kirchhoffschen Gleichung auf den linken Teil der Schaltung ergibt:

$$U_5 = 0 \, .$$

Formt man die Bedingung (2.32a) um, so entstehen u. a. die folgenden Formulierungen der **Abgleichbedingung** für eine Brückenschaltung (Bild 2.16):

$$R_1 R_4 = R_2 R_3 \; ; \qquad \frac{R_1}{R_2} = \frac{R_3}{R_4} \; ; \qquad R_1 = \frac{R_2 R_3}{R_4} \, . \tag{2.32b, c, d}$$

Ist die Abgleichbedingung erfüllt, so kann zwischen die Punkte A und B der Schaltung 2.15 ein beliebiger Widerstand R_5 eingefügt werden: denn wenn zwischen diesen Punkten von vornherein keine Spannung besteht, so fließt durch diesen Widerstand kein Strom, und die Spannungen $U_1 \ldots U_4$ bleiben ebenso wie die Ströme $I_1 \ldots I_4$ unverändert.
Wenn die Schaltung 2.16 abgeglichen ist, kann demnach der Widerstand R_5 einfach fortgelassen werden, ohne daß Spannungen und Ströme in der Schaltung hierdurch beeinflußt werden. Im Abgleichfall läßt sich die Schaltung 2.16 also durch die einfachere Gruppenschaltung 2.15 ersetzen. Aus Gl. (2.31) und der Abgleichbedingung (2.32d) ergibt sich für den Widerstand R_{CD} dieser Schaltung

$$R_{CD}|_{R_5 = \infty} \equiv R_L = \frac{\left(\dfrac{R_2 R_3}{R_4} + R_2\right)(R_3 + R_4)}{\dfrac{R_2 R_3}{R_4} + R_2 + R_3 + R_4}$$

$$R_L = R_2 \frac{R_3 + R_4}{R_2 + R_4} \, . \tag{2.33a}$$

Wenn zwischen den Punkten A und B der Schaltung 2.16 keine Spannung besteht, so kann man diese beiden Punkte auch einfach kurzschließen, wie es in Bild 2.17 dargestellt ist. Diese Schaltung hat den Gesamtwiderstand

$$R_{CD}|_{R_5 = 0} \equiv R_K = \frac{R_1 R_3}{R_1 + R_3} + \frac{R_2 R_4}{R_2 + R_4} \, . \tag{2.34}$$

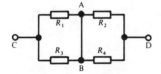

Bild 2.17.   Gruppenschaltung ohmscher Widerstände

Mit der Abgleichbedingung (2.32d) ergibt sich hieraus

$$R_K = \frac{\dfrac{R_2 R_3}{R_4} R_3}{\dfrac{R_2 R_3}{R_4} + R_3} + \frac{R_2 R_4}{R_2 + R_4}$$

$$R_K = R_2 \frac{R_3 + R_4}{R_2 + R_4}. \qquad (2.33\,b)$$

Die Ergebnisse (2.33a) und (2.33b) bestätigen, daß der Gesamtwiderstand R_L der Schaltung 2.15 mit dem Gesamtwiderstand R_K der Schaltung 2.17 übereinstimmt, falls die Abgleichbedingung erfüllt ist.

2.2.7 Schaltungssymmetrie

Speziell bei symmetrischen Schaltungen, aber auch bei anderen Schaltungen, kann man leicht Paare (oder größere Gruppen) von Punkten erkennen, zwischen denen keine Spannung auftritt. Solche Punkte (man nennt sie Punkte gleichen Potentials, vgl. Kapitel 3.2) dürfen einfach kurzgeschlossen werden, ohne daß hierdurch Ströme und Spannungen in der Schaltung verändert werden. Ebenfalls dürfen die Verbindungen zwischen solchen Punkten einfach aufgetrennt werden.

Beispiel 2.5

Vereinfachung einer symmetrischen Schaltung

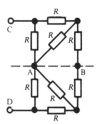
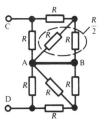

Bild 2.18a. Schaltung aus 8 Wi-   Bild 2.18b. Schaltung aus 9 Wi-   Bild 2.18c. Gruppenschaltung
                    derständen   derständen   aus 8 Widerständen

Bild 2.18.   Drei gleichwertige symmetrische Schaltungen

Aufgrund der Symmetrie der Schaltung 2.18a ist leicht einzusehen, daß zwischen den Punkten A und B keine Spannung besteht (beide Punkte liegen auf der gestrichelten Symmetrieachse). Man darf also zwischen die Punkte A und B einen beliebigen Widerstand R_{AB} einfügen, ohne daß die ursprünglichen Ströme und Spannungen hierdurch verändert werden (Schaltung 2.18b). Wählt man $R_{AB}=0$, so entsteht die Gruppenschaltung 2.18 c. Damit ist gezeigt, daß die Schaltung 2.18 b einfach durch die Schaltung 2.18 c ersetzt werden kann, deren Gesamtwiderstand (Klemmenwiderstand) R_{CD} leicht berechenbar ist:

$$R_{CD} = 2 \, \frac{R \cdot \frac{3}{2} R}{R + \frac{3}{2} R} = 1{,}2 \, R.$$

Dieser Wert gilt also für alle drei Schaltungen 2.18.

2.3   Strom- und Spannungsmessung

2.3.1   Anforderungen an Strom- und Spannungsmesser

Ein Strommeßgerät muß in Reihe zu dem Bauelement eingefügt werden, in dem der Strom gemessen werden soll. Da das Meßgerät einen ohmschen Widerstand R_M hat, verändert es grundsätzlich den Meßkreis und damit den zu messenden Strom I. Der innere Widerstand R_M des Strommeßgerätes sollte also möglichst gering sein.

Bild 2.19.   Strommessung

Ein Spannungsmeßgerät muß parallel zu dem Bauelement geschaltet werden, an dem die Spannung gemessen werden soll. Auch hierbei wird die Schaltung und damit die zu messende Spannung verändert. Der innere Widerstand des Spannungsmessers sollte deshalb möglichst hoch sein.

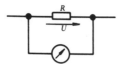

Bild 2.20.   Spannungsmessung

2.3.2   Eigenschaften des Drehspulmeßwerks

Im Drehspulmeßinstrument fließt der Meßstrom durch eine drehbare Spule (vgl. Beispiel 5.1). Die Spulenachse ist mit zwei Spiralfedern verbunden, die einer Spulendrehung entgegenwirken. Die Spule befindet sich in dem konstanten Magnetfeld eines Dauermagneten. Dadurch wirkt auf sie ein Drehmoment, das dem Meßstrom proportional ist (**lineare Skala).** Der Zeiger ist fest mit der Spule verbunden und erreicht seine Ruhelage, wenn das Gegenmoment der Spiralfedern und das Drehmoment auf Grund der Kräfte im Magnetfeld im Gleichgewicht sind. Schnellen Schwingungen kann die Drehspule mit ihrem Zeiger wegen ihrer mechanischen Trägheit praktisch nicht folgen. Das Meßwerk zeigt daher immer nur den zeitlichen Mittelwert des gemessenen Stromes an, ist also vor allem zur Messung von **Gleichstrom** geeignet. Bei einem reinen **Wechselstrom** ergibt sich nur eine Anzeige, wenn er zuvor gleichgerichtet wird. Ein Vorteil des Drehspulmeßwerks ist sein (im Vergleich zu anderen Meßwerken) **geringer Leistungsverbrauch.** Es kann daher sehr kleine Ströme anzeigen. Außerdem hat das Drehspulmeßwerk eine besonders **hohe Meßgenauigkeit.**

Als **Vollausschlagsstrom** I_{MV} bezeichnet man den Strom, der gerade fließen muß, damit der Zeiger sich auf den Skalenendwert einstellt. Den ohmschen Widerstand der Drehspule bezeichnet man als **Meßwerkswiderstand** (Innenwiderstand) R_M.

Beispiel 2.6

Eigenverbrauch eines Drehspulmeßwerks mit $I_{MV} = 50\,\mu\text{A}$, $R_M = 1\,\text{k}\Omega$
Der Eigenverbrauch dieses Meßwerks bei Vollausschlag ist

$$P_{MV} = I_{MV}^2 \cdot R_M = (50 \cdot 10^{-6})^2 \cdot A^2 \cdot 10^3\,\Omega = \underline{\underline{2{,}5 \cdot 10^{-6}\,\text{W}}}\,.$$

2.3.3 Klassengenauigkeit

Der vom Meßinstrument angezeigte Strom kann vom wahren Wert des Stromes abweichen. Der Fehler, der höchstens zu erwarten ist, wird normalerweise in Prozent vom Skalenendwert angegeben: Das sogenannte **Klassenzeichen** gibt den zulässigen **Anzeigefehler** direkt in Prozent an. So hat ein Instrument der Klasse 0,1 einen zulässigen Anzeigefehler von $\pm 0{,}1\%$. Präzisionsinstrumente gehören zu den Klassen 0,1; 0,2 oder 0,5. Betriebsinstrumente gehören zu den Klassen 1; 1,5; 2,5 oder 5.

Beispiel 2.7

Meßgenauigkeit eines Drehspulgerätes der Klasse 1,5 im Meßbereich 300 mA
Der wahre Wert kann höchstens um 1,5% von 300 mA, also

$$300\,\text{mA} \cdot 0{,}015 = 4{,}5\,\text{mA}$$

vom abgelesenen Wert abweichen. Liest man im Meßbereich 300 mA z. B. den Wert 150 mA ab, so gilt für den wahren Wert:

$$I = 150\,\text{mA} \pm 4{,}5\,\text{mA}\,;$$

es ergibt sich also in diesem Fall eine Abweichung von

$$\pm 3\% \text{ vom Meßwert.}$$

Liest man im Meßbereich 300 mA z. B. den Strom 50 mA ab, so gilt für den wahren Wert:

$$I = 50\,\text{mA} \pm 4{,}5\,\text{mA}\,;$$

nun ist also sogar eine Abweichung von

$$\pm 9\%$$

möglich. Würde man im 300 mA-Meßbereich nur den Wert 4,5 mA ablesen, so ergäbe sich für den wahren Wert

$$I = 4{,}5\,\text{mA} \pm 4{,}5\,\text{mA}\,,$$

d. h. der wahre Wert kann im Bereich von 0 mA bis 9 mA liegen, und die Abweichung des wahren Wertes vom gemessenen Wert kann

$$\pm 100\%$$

erreichen. Der prozentuale Meßfehler nimmt also zu, je kleiner der Zeigerausschlag ist. Daher ist es nötig, für jede Messung einen Meßbereich zu haben, bei dem der Zeiger möglichst dicht an das Skalenende herankommt. Daraus ergibt sich die Notwendigkeit, das Meßwerk eines Instrumentes für verschiedene Meßbereiche (z. B. 50 μA, 300 μA, 1 mA, 3 mA, 10 mA u. a.) verwendbar zu machen: Meßbereichserweiterung. Außerdem können Drehspulinstrumente auch zur Anzeige von Spannungen verwendet werden. Fließt z. B. durch das Instrument nach Beispiel 2.6 der Vollausschlagsstrom, so liegt am Instrument die **Vollausschlagsspannung**

$$U_{MV} = I_{MV} \cdot R_M \tag{2.35}$$

$$U_{MV} = 50 \cdot 10^{-6}\,\text{A} \cdot 10^3\,\Omega = \underline{\underline{50\,\text{mV}}}\,.$$

2.3.4 Meßbereichserweiterung

2.3.4.1 Strom-Meßbereichserweiterung

Falls mit einem Drehspulmeßgerät ein Strom gemessen werden soll, der größer als der Vollausschlagsstrom I_{MV} ist, so läßt sich der Meßbereich durch einen Parallelwiderstand R_p entsprechend erweitern (Bild 2.21). Wenn durch das Meßwerk z. B. gerade der Vollausschlagsstrom I_{MV} fließt, dann erreicht der Gesamtstrom I gemäß der Stromteilerformel (2.29a) den Wert

$$I_V = \frac{G_M + G_p}{G_M} I_{MV}\,. \tag{2.36a}$$

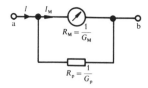

Bild 2.21.   Parallelschaltung eines Widerstandes zum Meßwerk

Diesen Strom I_V kann man nun also dem Skalenendwert anstelle des Stromes I_{MV} zuordnen, denn der Gesamtstrom I ist es ja, der von der Klemme a zur Klemme b fließt und der gemessen werden soll.

Beispiel 2.8

Berechnung eines Parallelwiderstandes zur Strom- Meßbereichserweiterung
Ein Drehspulinstrument mit dem Vollausschlagsstrom $I_{MV} = 50\,\mu\text{A}$ und dem Meßwerkswiderstand $R_M = 1\,\text{k}\Omega$ soll Ströme bis zum Wert $I = 1\,\text{mA}$ messen. Wie groß muß R_p sein?

Lösung:
Die Gl. (2.36a) läßt sich nach G_p auflösen:

$$G_p = G_M \left(\frac{I_V}{I_{MV}} - 1 \right) \tag{2.36b}$$

$$G_p = \frac{1}{10^3\,\Omega} \left(\frac{10^{-3}\,\text{A}}{50 \cdot 10^{-6}\,\text{A}} - 1 \right) = \frac{19}{10^3\,\Omega} = \frac{1}{R_p}$$

$$R_p = \underline{\underline{52{,}6\,\Omega}}\,.$$

Schaltet man diesen Widerstand zum Meßwerk parallel, dann bedeutet – wie gefordert – Vollausschlag des Meßinstruments, daß der Gesamtstrom I den Wert $I_V = 1$ mA erreicht.

Normalerweise wird in sogenannten **Vielfach-Instrumenten** ein einziges Meßwerk für mehrere Meßbereiche verwendet, z. B. 6 Strom- und 6 Spannungs-Meßbereiche.

Beispiel 2.9

Dimensionierung der Widerstände eines Vielfach-Meßgeräts (Strommessung)
Ein Drehspulmeßwerk hat den Vollausschlagsstrom $I_{MV} = 50\,\mu A$ und den Meßwerkswiderstand R_M.

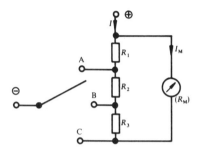

Bild 2.22. Drehspulmeßwerk mit drei Strom-Meßbereichen

Das Meßgerät soll drei Meßbereiche haben: 100 µA, 300 µA, 1 mA. Zwischen den Schalterstellungen A, B, C (vgl. Bild 2.22) und den drei Strombereichen soll folgende Zuordnung gelten:

Schalterstellung	Meßbereich
A	$0 \dots 1$ mA
B	$0 \dots 300$ µA
C	$0 \dots 100$ µA

Die Widerstände R_1, R_2 und R_3 sollen allgemein und für den Sonderfall $R_M = 900\,\Omega$ berechnet werden.

Lösung:
Bei Anschluß an Klemme A und Vollausschlag des Meßwerks muß entsprechend der Stromteilerformel (2.29 b) gelten:

$$\frac{R_1}{R_1 + R_2 + R_3 + R_M} = \frac{I_{MV}}{I_{(A)}} = \frac{50\,\mu A}{1\,\text{mA}} = \frac{1}{20}; \tag{2.37a}$$

bei Anschluß an Klemme B:

$$\frac{R_1 + R_2}{R_1 + R_2 + R_3 + R_M} = \frac{I_{MV}}{I_{(B)}} = \frac{50\,\mu A}{300\,\mu A} = \frac{1}{6}; \tag{2.37b}$$

bei Anschluß an Klemme C:

$$\frac{R_1 + R_2 + R_3}{R_1 + R_2 + R_3 + R_M} = \frac{I_{MV}}{I_{(C)}} = \frac{50\,\mu A}{100\,\mu A} = \frac{1}{2}. \tag{2.37c}$$

Durch einfache Umformung ergibt sich aus den Gln. (2.37):

$$19\,R_1 - \quad R_2 - R_3 = R_M \tag{2.38a}$$

$$5\,R_1 + 5\,R_2 - R_3 = R_M \tag{2.38b}$$

$$R_1 + \quad R_2 + R_3 = R_M . \tag{2.38c}$$

Aus der Addition der Gln. (2.38a und c) erhält man nun

$$20\,R_1 = 2\,R_M; \quad R_1 = \frac{1}{10}\,R_M\,.$$

Addition der Gl. (2.38b) und der mit (-5) multiplizierten Gl. (2.38c) liefert

$$-6\,R_3 = -4\,R_M\,; \quad R_3 = \frac{2}{3}\,R_M\,.$$

Aus Gl. (2.38c) folgt dann

$$R_2 = R_M - R_1 - R_3 = R_M - \frac{1}{10}\,R_M - \frac{2}{3}\,R_M\,; \quad R_2 = \frac{7}{30}\,R_M\,.$$

Mit $R_M = 900\,\Omega$ wird also

$$R_1 = 90\,\Omega, \quad R_2 = 210\,\Omega, \quad R_3 = 600\,\Omega.$$

2.3.4.2 Spannungs-Meßbereichserweiterung

Falls eine Spannung gemessen werden soll, die größer ist als U_{MV}, vgl. Gl. (2.35), so läßt sich der Meßbereich durch einen Vorwiderstand R_r entsprechend erweitern (Bild 2.23). Wenn am Meß-

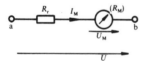

Bild 2.23.   Reihenschaltung eines Widerstandes zum Meßwerk

werk z. B. gerade die Vollausschlagsspannung U_{MV} liegt, dann erreicht die Spannung U an der Reihenschaltung gemäß der Spannungsteilerformel (2.17) den Wert

$$U_V = \frac{R_r + R_M}{R_M}\,U_{MV}\,. \tag{2.39a}$$

Diese Spannung U_V kann man nun also dem Skalenendwert anstelle der Spannung U_{MV} zuordnen, denn die Gesamtspannung U ist es ja, die zwischen den Klemmen a und b liegt und die gemessen werden soll.

Beispiel 2.10

Berechnung eines Vorwiderstandes zur Spannungs-Meßbereichserweiterung
Ein Drehspulgerät mit dem Vollausschlagsstrom $I_{MV} = 50\,\mu A$ und dem Meßwerkswiderstand $R_M = 1\,k\Omega$ soll Spannungen bis zum Wert $U = 100\,V$ messen. Wie groß muß R_r sein?

Lösung:
Das Meßwerk hat die Vollausschlagsspannung

$$U_{MV} = I_{MV} \cdot R_M = 50 \cdot 10^{-6} \, \text{A} \cdot 10^3 \, \Omega = 50 \, \text{mV} \, .$$

Die Gl. (2.39 a) läßt sich nach R_r auflösen:

$$R_r = R_M \left(\frac{U_V}{U_{MV}} - 1 \right) \tag{2.39 b}$$

$$R_r = 10^3 \, \Omega \left(\frac{100 \, \text{V}}{50 \, \text{mV}} - 1 \right) = 10^3 \, \Omega (2000 - 1) = \underline{1,999 \, \text{M}\Omega} \, .$$

Schaltet man diesen Widerstand in Reihe zum Meßwerk, dann bedeutet – wie gefordert – Vollausschlag des Meßinstrumentes, daß die Gesamtspannung U den Wert $U_V = 100 \, \text{V}$ erreicht.

Beispiel 2.11

Dimensionierung der Widerstände eines Vielfach-Meßgerätes (Spannungsmessung)
Ein Drehspulmeßgerät hat den Spulenwiderstand $R_M = 1 \, \Omega$ und schlägt voll aus, wenn es vom Strom $I_{MV} = 100 \, \text{mA}$ durchflossen wird. Es soll als Spannungsmesser eingesetzt werden und vier Meßbereiche haben (Bild 2.24). Zwischen den Schalterstellungen A, B, C, D und den vier Spannungs-Meßbereichen soll folgende Zuordnung gelten:

Schalterstellung	Meßbereich
A	0 … 300 mV
B	0 … 1 V
C	0 … 3 V
D	0 … 10 V

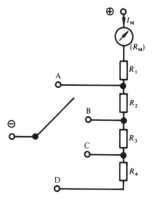

Bild 2.24.   Drehspulmeßwerk mit vier Spannungs-Meßbereichen

Die Widerstände $R_1 \dots R_4$ sollen berechnet werden. Welchen Widerstand R_i hat das Meßgerät in den verschiedenen Meßbereichen?

Lösung:

In Schalterstellung A gilt: $I_{MV}(R_M + R_1) = 300\,\text{mV}$

$$R_1 = \frac{300\,\text{mV}}{100\,\text{mA}} - R_M = 3\,\Omega - 1\,\Omega = 2\,\Omega.$$

Der Widerstand R_i des Meßgerätes ist in diesem Meßbereich

$$R_{iA} = R_M + R_1 = 3\,\Omega.$$

In Schalterstellung B gilt: $I_{MV}(R_M + R_1 + R_2) = 1\,\text{V}$

$$R_2 = \frac{1\,\text{V}}{100\,\text{mA}} - R_M - R_1 = 10\,\Omega - 3\,\Omega = 7\,\Omega.$$

Der Widerstand R_i des Meßgerätes ist in diesem Meßbereich

$$R_{iB} = R_M + R_1 + R_2 = 10\,\Omega.$$

In Schalterstellung C gilt: $I_{MV}(R_M + R_1 + R_2 + R_3) = 3\,\text{V}$

$$R_3 = \frac{3\,\text{V}}{100\,\text{mA}} - R_M - R_1 - R_2 = 30\,\Omega - 10\,\Omega = 20\,\Omega.$$

Der Widerstand R_i des Meßgerätes ist in diesem Meßbereich

$$R_{iC} = R_M + R_1 + R_2 + R_3 = 30\,\Omega.$$

In Schalterstellung D gilt: $I_{MV}(R_M + R_1 + R_2 + R_3 + R_4) = 10\,\text{V}$

$$R_4 = \frac{10\,\text{V}}{100\,\text{mA}} - R_M - R_1 - R_2 - R_3 = 100\,\Omega - 30\,\Omega = 70\,\Omega.$$

Der Widerstand R_i des Meßgerätes ist in diesem Meßbereich

$$R_{iD} = R_M + R_1 + R_2 + R_3 + R_4 = 100\,\Omega.$$

2.3.5 Meßwertkorrektur

2.3.5.1 Spannungsrichtige Messung

Soll an einem Widerstand R_1 (Bild 2.25) die Spannung gemessen werden, so schaltet man den Spannungsmesser parallel zu R_1. Will man gleichzeitig auch den Strom messen, der durch R_1 fließt, so kann man die Schaltung 2.25 wählen. Diese Schaltung hat aber den Nachteil, daß

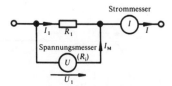

Bild 2.25.   Spannungsrichtige Messung

der Strommesser nicht I_1, sondern I mißt: der Strom I_M durch den Spannungsmesser verfälscht die Anzeige des Strommessers. Hierbei gilt

$$I_1 = I - I_M$$

$$\boxed{I_1 = I - \frac{U_1}{R_i}} \, .$$
(2.40)

Wenn der Widerstand R_i des Spannungsmessers bekannt ist, kann also aus dem gemessenen Wert I der Wert I_1 des tatsächlich durch R_1 fließenden Stromes berechnet werden. Man bezeichnet dies als **Stromkorrektur.** Da die gemessene Spannung U_1 bei der Schaltung 2.25 mit der Spannung an R_1 identisch ist, nennt man eine Messung mit Schaltung 2.25 eine spannungsrichtige Messung.

2.3.5.2 Stromrichtige Messung

Soll in einem Widerstand R_1 (Bild 2.26) der Strom gemessen werden, so schaltet man den Strommesser in Reihe zu R_1. Will man gleichzeitig auch die Spannung messen, die an R_1 liegt, so kann

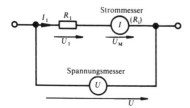

Bild 2.26.   Stromrichtige Messung

man die Schaltung 2.26 wählen. Diese Schaltung hat aber den Nachteil, daß der Spannungsmesser nicht U_1, sondern U mißt: die Spannung U_M am Strommesser verfälscht also die Anzeige des Spannungsmessers. Hierbei gilt:

$$U_1 = U - U_M$$

$$\boxed{U_1 = U - I_1 R_i} \, .$$
(2.41)

Wenn der Widerstand R_i des Strommeßgerätes bekannt ist, kann mit Hilfe dieser Gleichung aus dem gemessenen Wert U der Wert U_1 der tatsächlich an R_1 liegenden Spannung berechnet werden. Man bezeichnet dies als **Spannungskorrektur.** Da der gemessene Strom I_1 bei der Schaltung 2.26 mit dem Strom in R_1 identisch ist, nennt man eine Messung mit Schaltung 2.26 eine stromrichtige Messung.

Beispiel 2.12

Genauigkeit einer Widerstandsmessung
Gegeben ist eine Schaltung zur spannungsrichtigen Messung (Bild 2.25). An dem Widerstand R_1 werden die Spannung $U_1 = 10\,V$ und der Strom $I = 1\,mA$ gemessen. Der Spannungsmesser hat den Widerstand $R_i = 50\,k\Omega$.

a) Aus der Strom- und Spannungsmessung soll R_1 bestimmt werden.

b) Der benutzte Spannungsmeßbereich ist $0 \ldots 30 \, \text{V}$, der Strommeßbereich $0 \ldots 3 \, \text{mA}$. Die beiden Meßinstrumente haben das Klassenzeichen 5. Es sollen die Bereiche angegeben werden, in denen die wahren Werte des Stromes I und der Spannung U_1 liegen können.

c) In welchem Bereich kann infolgedessen der wahre Wert R liegen?

Lösung:

a) In der Schaltung 2.25 gilt mit $G_1 = \dfrac{1}{R_1}$ und $G_i = \dfrac{1}{R_i}$

$$I = U_1 (G_1 + G_i) \,. \tag{2.42}$$

Löst man dies nach G_1 auf, so wird

$$G_1 = \frac{I}{U_1} - G_i \tag{2.43}$$

$$G_1 = \frac{1 \, \text{mA}}{10 \, \text{V}} - \frac{1}{50 \, \text{k}\Omega} = \frac{1}{10 \, \text{k}\Omega} - \frac{1}{50 \, \text{k}\Omega} = \frac{4}{50 \, \text{k}\Omega} \,;$$

$$R_1 = \frac{50 \, \text{k}\Omega}{4} = \underline{\underline{12{,}5 \, \text{k}\Omega}} \,.$$

b) Im Meßbereich $3 \, \text{mA}$ ist bei einem Instrument der Klasse 5 die Abweichung $3 \, \text{mA} \cdot 0{,}05 = 0{,}15 \, \text{mA}$ möglich. Wird der Wert $I = 1 \, \text{mA}$ angezeigt, so liegt also der wahre Wert mit Sicherheit im Bereich

$$\underline{0{,}85 \, \text{mA} \le I \le 1{,}15 \, \text{mA}} \,.$$

Im Spannungsmeßbereich $30 \, \text{V}$ ist bei einem Instrument der Klasse 5 die Abweichung $30 \, \text{V} \cdot 0{,}05 = 1{,}5 \, \text{V}$ möglich. Wird der Wert $10 \, \text{V}$ angezeigt, so liegt der wahre Wert mit Sicherheit im Bereich

$$\underline{8{,}5 \, \text{V} \le U_1 \le 11{,}5 \, \text{V}} \,.$$

c) Der höchstmögliche Leitwert $\hat{G}_1$ ergibt sich, falls der wahre Strom den Wert $\hat{I} = 1{,}15 \, \text{mA}$ und die wahre Spannung den Wert $\check{U}_1 = 8{,}5 \, \text{V}$ hat. Aus Gl. (2.43) folgt dann

$$\hat{G}_1 = \frac{\hat{I}}{\check{U}_1} - G_i = \frac{1{,}15 \, \text{mA}}{8{,}5 \, \text{V}} - \frac{1}{50 \, \text{k}\Omega}$$

$$\check{R}_1 = \frac{1}{\hat{G}_1} \approx 8{,}7 \, \text{k}\Omega \,.$$

Umgekehrt ergibt sich der minimal mögliche Leitwert $\check{G}_1$ aus den Werten $\check{I} = 0{,}85 \, \text{mA}$ und $\hat{U}_1 = 11{,}5 \, \text{V}$:

$$\check{G}_1 = \frac{\check{I}}{\hat{U}_1} - G_i = \frac{0{,}85 \, \text{mA}}{11{,}5 \, \text{V}} - \frac{1}{50 \, \text{k}\Omega}$$

$$\hat{R}_1 = \frac{1}{\check{G}_1} \approx 18{,}5 \, \text{k}\Omega \,.$$

Die Ungenauigkeit der verwendeten Meßgeräte ($\pm 5 \%$ vom Skalenendwert) führt hier also zu einer noch viel größeren Ungenauigkeit bei der Widerstandsmessung:

$$\underline{8{,}7 \, \text{k}\Omega \le R_1 \le 18{,}5 \, \text{k}\Omega}$$

$$R_1 = 13{,}6 \, \text{k}\Omega \pm 4{,}9 \, \text{k}\Omega = 13{,}6 \, \text{k}\Omega \pm \frac{36}{100} \, 13{,}6 \, \text{k}\Omega \,.$$

Bei der Widerstandsmessung ist also eine Abweichung von $\pm 36 \%$ möglich.

Anmerkung zu a): Ohne Stromkorrektur (und ohne Berücksichtigung der Ungenauigkeit des Meßgerätes) hätte sich ergeben

$$R_{11} = \frac{U_1}{I} = \frac{10\,\text{V}}{1\,\text{mA}} = 10\,\text{k}\Omega \; ;$$

die Stromkorrektur (d.h. die Berücksichtigung des Innenwiderstandes des Spannungsmessers) darf hier also nicht unterbleiben.

Bei der Messung des Widerstandes $R_1 = 12,5\,\text{k}\Omega$ hätte stromrichtige Messung (bei idealer Meßgenauigkeit) für $R_i = 10\,\Omega$ z.B. zu folgenden Meßwerten geführt (vgl. Bild 2.26):

$$I_1 = 1\,\text{mA}, \quad U = 12,51\,\text{V}.$$

Ohne Spannungskorrektur ergibt das

$$R_{1U} = \frac{U}{I_1} = \frac{12,51\,\text{V}}{1\,\text{mA}} = 12,51\,\text{k}\Omega \,.$$

Mit Spannungskorrektur hätte sich mit $R_i = 10\,\Omega$ ergeben:

$$R_1 = \frac{U}{I_1} - R_i = 12,5\,\text{k}\Omega \,.$$

Bei stromrichtiger Messung hätte **also in diesem Fall** der Spannungsabfall am Strommesser vernachlässigt werden können: die Spannungskorrektur ist hier praktisch überflüssig, weil ihr Einfluß wesentlich geringer ist als der mögliche Fehler eines Präzisions-Meßgerätes.

Allgemein gilt: Wenn der zu messende Widerstand klein ist (im Vergleich zum Innenwiderstand R_i des Spannungsmessers), ist spannungsrichtige Messung zweckmäßig. Ist dagegen der zu messende Widerstand groß, so ist die stromrichtige Messung geeigneter.

2.4 Lineare Zweipole

Beliebige elektrische Schaltungen mit zwei Anschlüssen bezeichnet man als Zweipole. Auch Schaltungen mit mehr Anschlüssen können als Zweipole aufgefaßt werden, wenn nur zwei Anschlüsse benutzt werden. Zweipole haben schon in den vorangehenden Abschnitten eine Rolle gespielt: ein einzelner ohmscher Widerstand mit seinen zwei Anschlüssen ist ein Zweipol, die Reihenschaltung mehrerer Widerstände (vgl. Bild 2.9) kann als Zweipol mit den Anschlußklemmen A und B angesehen werden. Ein solcher Zweipol kann im übrigen außer ohmschen Widerständen auch alle möglichen anderen Verbraucher (z.B. Spulen, Dioden, Glühlampen) und Spannungsquellen enthalten.

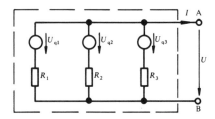

Bild 2.27.   Zweipol mit 3 Spannungsquellen und 3 Widerständen

In Bild 2.27 wird ein Zweipol dargestellt, der drei Spannungsquellen und drei Widerstände enthält; dieser Zweipol ist an den Klemmen A und B zugänglich, meßbar sind daher nur die Klemmenspannung U und der Klemmenstrom I.

2.4.1 Generator- und Verbraucher-Zählpfeilsystem

Wenn eine Batterie Leistung abgibt (vgl. Bild 2.28), fließt aus ihrer Plusklemme ein Strom heraus. Nur beim Aufladen (d.h. wenn die Batterie Leistung aufnimmt) fließt in ihre Plusklemme ein Strom hinein. Im Normalfall der Leistungsabgabe sind also in einer Batterie und in jedem anderen

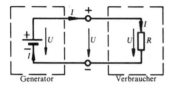

Bild 2.28. Zählpfeile am Generator- und Verbraucher-Zweipol

Erzeuger (Generator) elektrischer Leistung der Strom und die Spannung einander entgegengerichtet. In einem Verbraucher dagegen haben Strom und Spannung immer gleiche Richtung. Bei entsprechender Wahl der Zählpfeile für I und U spricht man von einem **Verbraucher-Zählpfeilsystem.** Die Darstellung

$$U = R\,I \tag{2.2a}$$

für das Ohmsche Gesetz gilt übrigens unter der Voraussetzung dieses Zählpfeilsystems.

Man kann die Pfeile von Strom und Spannung auch so festlegen, daß sie beim Generator die gleiche Richtung haben. Dann spricht man von einem **Generator-Zählpfeilsystem.** In diesem System haben Strom und Spannung in einem Verbraucher nicht mehr die gleiche Richtung; das Ohmsche Gesetz erhält die Form

$$U = -R\,I\,.$$

Im Falle des **V**erbraucher-**Z**ählpfeilsystems an einem Zweipol bedeutet

$$\left. \begin{array}{l} P = U\,I > 0 \quad \text{Leistungsaufnahme} \\[2mm] P = U\,I < 0 \quad \text{Leistungsabgabe}\,. \end{array} \right\} \quad \text{(VZS)}$$

Beim **G**enerator-**Z**ählpfeilsystem entspricht

$$\left. \begin{array}{l} P = U\,I > 0 \quad \text{Leistungsabgabe} \\[2mm] P = U\,I < 0 \quad \text{Leistungsaufnahme}\,. \end{array} \right\} \quad \text{(GZS)}$$

2.4.2 Spannungsquellen

Die wichtigsten Spannungsquellen sind die Drehstrom-Generatoren, die den technischen Wechselstrom erzeugen; Gleichspannung können sie nicht unmittelbar, sondern erst nach Gleich-

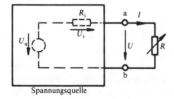

Bild 2.29. Belastung einer Spannungsquelle mit dem Widerstand R

richtung liefern. Alle Arten von chemischen Spannungsquellen, wie Trockenbatterien und Blei-Sammler (-Akkumulatoren) erzeugen Gleichspannung.

Die Spannung U, die an den Klemmen a, b einer Gleichspannungsquelle (Bild 2.29) auftritt, nimmt mit wachsendem Belastungsstrom I ab. Dies kann durch die Gleichung

$$U = U_q - R_i I \qquad (2.44)$$

beschrieben werden. Hierbei sind die **Quellenspannung** U_q und der **innere Widerstand** R_i fiktive Größen; d. h. Größen, die nicht unmittelbar meßbar sind, sondern nur den meßbaren Zusammenhang $U = f(I)$ richtig beschreiben. In vielen wichtigen Fällen ist dieser Zusammenhang nahezu **linear**, die Funktion $U = f(I)$ ergibt dann eine Gerade (Bild 2.30).

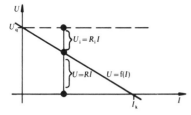

Bild 2.30. Abhängigkeit der Klemmenspannung vom Belastungsstrom bei einer linearen Spannungsquelle

Die Gl. (2.44) beschreibt im übrigen nur dann eine Gerade, wenn

$$U_q = \text{konst} \qquad (2.45)$$

und

$$R_i = \text{konst} \qquad (2.46)$$

werden; man spricht in diesem Fall von einer **linearen** Spannungsquelle. In den folgenden Abschnitten soll der Einfachheit halber stets mit linearen Spannungsquellen gerechnet werden.

Daß die Gl. (2.44) und die in Bild 2.29 gestrichelte Schaltung eine angemessene Darstellung für das Verhalten einer Spannungsquelle sind, kann man sich für viele Fälle leicht plausibel machen:

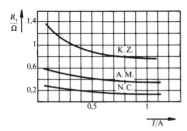

K.Z. = Kohle-Zink-Element
A.M. = Alkali-Mangan-Element
N.C. = wieder aufladbares
        Nickel-Cadmium-Element

Bild 2.31. Innenwiderstand $R_i = f(I)$ bei verschiedenen neuwertigen 1,5-V-Trockenbatterien

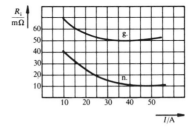

g. = gebrauchter Akku
n. = neuwertiger Akku

Bild 2.32. Innenwiderstand zweier 12-V-Bleiakkumulatoren (Auto-Batterien)

Im Inneren der Quelle wird eine Spannung erzeugt, deren Größe (nahezu) belastungsunabhängig ist; durch metallische und elektrolytische Leitung im Innern der Quelle entsteht ein Spannungsabfall, der mit dem Strom zunimmt.

In den Bildern 2.31 und 2.32 werden Beispiele für den Innenwiderstand R_i von Spannungsquellen gegeben (R_i als Funktion des Belastungsstromes I), bei denen die Linearitätsbedingung (2.46) nicht ganz erfüllt ist.

Für den **Kurzschlußstrom** I_k einer Spannungsquelle (vgl. Bild 2.33) gilt:

$$I_k = \frac{U_q}{R_i}. \qquad (2.47)$$

Dieser Wert kann unmittelbar gemessen werden, falls kein Teil der Schaltung hierdurch überlastet wird. Ebenfalls unmittelbar kann die **Leerlaufspannung** gemessen werden (Bild 2.34).

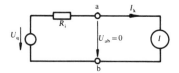
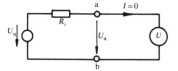

Bild 2.33.   Messung des Kurzschlußstromes I_k Bild 2.34.   Messung der Leerlaufspannung U_q

Aus der Messung des Kurzschlußstromes (Kurzschlußversuch) und der Leerlaufspannung (Leerlaufversuch) ergeben sich I_k und U_q unmittelbar. Mit Hilfe der Gl. (2.47) kann dann aus diesen beiden Größen R_i bestimmt werden:

$$R_i = \frac{U_q}{I_k}. \qquad (2.48)$$

Dieser Wert ergibt sich bei Kurzschluß. Bei geringerer Belastung kann sich in einer nichtlinearen Spannungsquelle z. B. ein höherer Wert für R_i ergeben, wie aus den Bildern 2.31 und 2.32 zu erkennen ist. Die Bestimmung von U_q und R_i aus nur zwei Messungen ist also nur dann ausreichend, wenn die Linearitätsbedingungen (2.45) und (2.46) erfüllt sind.

Falls der Kurzschlußversuch zu einem unzulässig hohen Kurzschlußstrom führen würde und auch der Leerlaufversuch nicht möglich ist, kann man zur Bestimmung von R_i und U_q zwei beliebige Belastungsfälle heranziehen: In der Schaltung 2.29 können für R zwei verschiedene Werte eingestellt und die zugehörigen Werte der Klemmenspannung ($U_{(1)}$ und $U_{(2)}$) und des Stromes ($I_{(1)}$ und $I_{(2)}$) gemessen werden. Wendet man die Gl. (2.44) auf die beiden Belastungsfälle an,

$$U_{(1)} = U_q - R_i I_{(1)} \qquad (2.49\,a)$$

$$U_{(2)} = U_q - R_i I_{(2)}, \qquad (2.49\,b)$$

so stellen sie zwei Bestimmungsgleichungen für R_i und U_q dar.

Beispiel 2.13

Bestimmung von R_i und U_q aus zwei Belastungsfällen
Eine Spannungsquelle wird mit dem Widerstand R belastet (Bild 2.29). Zunächst wird $R = R_{(1)}$ eingestellt und der zugehörige Strom $I = I_{(1)}$ gemessen. Danach wird $R = R_{(2)}$ eingestellt und der zugehörige Strom $I = I_{(2)}$ gemessen.
Aus den Größen $R_{(1)}, R_{(2)}, I_{(1)}, I_{(2)}$ sollen U_q und R_i berechnet werden.

Lösung:
Im ersten Fall gilt

$$I_{(1)} = \frac{U_q}{R_i + R_{(1)}}, \tag{2.50a}$$

im zweiten Fall

$$I_{(2)} = \frac{U_q}{R_i + R_{(2)}}. \tag{2.50b}$$

Division von Gl. (2.50a) durch (2.50b) ergibt

$$\frac{I_{(1)}}{I_{(2)}} = \frac{R_i + R_{(2)}}{R_i + R_{(1)}}$$

$$R_i = \frac{R_{(2)} I_{(2)} - R_{(1)} I_{(1)}}{I_{(1)} - I_{(2)}}. \tag{2.51}$$

Setzt man dies in Gl. (2.50a) ein, so wird

$$U_q = I_{(1)} (R_i + R_{(1)}) \tag{2.52}$$

$$U_q = \frac{R_{(2)} - R_{(1)}}{\dfrac{I_{(1)}}{I_{(2)}} - 1} I_{(1)}. \tag{2.53}$$

2.4.3 Linearität

Im Abschnitt 2.1.1 (Ohmsches Gesetz) wurde betont, daß das Ohmsche Gesetz

$$U = RI \tag{2.2a}$$

eine lineare Gleichung ist, wenn die Bedingung $R = \text{konst}$ erfüllt ist. Im Abschnitt 2.4.2 (Spannungsquellen) wurde dargestellt, daß bei Spannungsquellen ein Zusammenhang zwischen Strom und Spannung besteht,

$$U = U_q - R_i I, \tag{2.44}$$

der ebenfalls linear ist, falls U_q und R_i konstant sind. Außerdem sind offensichtlich auch die beiden Kirchhoffschen Gleichungen (2.5) und (2.7) lineare Beziehungen (d. h. Gleichungen, in denen alle Variablen nur in der ersten Potenz auftreten):

$$I_1 + I_2 + I_3 + \ldots = 0,$$

$$U_1 + U_2 + U_3 + \ldots = 0.$$

Ein Netz, das nur ohmsche Widerstände und lineare Quellen enthält, nennt man ein **lineares Netz**. In ihm können mit Hilfe der Kirchhoffschen Gleichungen und der Gln. (2.2a) und (2.44) jede beliebige Spannung und jeder beliebige Strom berechnet werden, und zwar als lineare Funktion jedes beliebigen anderen Stromes oder jeder beliebigen anderen Spannung. Einfache Beispiele hierfür sind die Spannungsteilerregel (2.17), bei der $U_2 = f(U)$ angegeben wird, oder die Stromteilerregel (2.29a), bei der $I_2 = f(I)$ angegeben wird.

Daß in linearen Netzen grundsätzlich alle Ströme und Spannungen lineare Funktionen anderer Ströme und Spannungen sind, liegt daran, daß bei der Umformung und Auflösung linearer Gleichungssysteme ebenfalls immer nur lineare Gleichungen entstehen können.

Beispiel 2.14

Lineare Zusammenhänge an einem Spannungsteiler
Bei einem einfachen Spannungsteiler (Bild 2.35) gilt:

$$I_1 = f(U_q) = \frac{U_q}{R_1 + \dfrac{R_2 R_3}{R_2 + R_3}}$$

$$U_1 = f(U_q) = \frac{R_1}{R_1 + \dfrac{R_2 R_3}{R_2 + R_3}} U_q$$

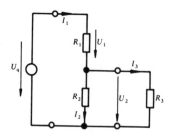

Bild 2.35. Belasteter Spannungsteiler

$$U_1 = f(I_1) = R_1 I_1$$

$$U_2 = f(U_q) = \frac{R_2 R_3}{R_1 R_2 + R_2 R_3 + R_3 R_1} U_q$$

$$U_2 = f(U_1) = \frac{R_2 R_3}{R_1 (R_2 + R_3)} U_1$$

$$U_2 = f(I_1) = \frac{R_2 R_3}{R_2 + R_3} I_1 \quad \text{u. a.}$$

Diese Ergebnis-Beispiele zeigen, wie bei einer einfachen Schaltung jede Strom- oder Spannungsgröße als lineare Funktion jeder anderen Strom- oder Spannungsgröße dargestellt werden kann. Auch lineare Gleichungen folgenden Typs können angegeben werden:

$$I_1 = f(U_2, I_3) = \frac{U_2}{R_2} + I_3$$

$$U_1 = f(U_2, I_3) = \frac{R_1}{R_2} U_2 + R_1 I_3 \quad \text{u. a.}$$

2.4.4 Aktive Ersatz-Zweipole

2.4.4.1 Die Ersatzspannungsquelle

Trennt man ein beliebiges lineares Netz aus ohmschen Widerständen und Spannungsquellen an irgendeiner Stelle auf, so entstehen zwei freie Enden, die als Anschlußklemmen zugänglich

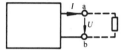

Bild 2.36.   Linearer Zweipol

sein sollen. Wenn alle anderen Knoten des Netzes unzugänglich sind, so ist also das Netz ein Zweipol. Der Zusammenhang $U = f(I)$ an den Klemmen muß linear sein, wenn das im Zweipol enthaltene Netz linear ist (vgl. Abschnitt 2.4.3):

$$U = K_1 - K_2 I. \tag{2.54}$$

Dieser Zusammenhang stellt in einem U, I-Koordinatensystem eine Gerade dar. Hierbei ist K_1 der Achsenabschnitt auf der U-Achse und K_1/K_2 der Achsenabschnitt auf der I-Achse (vgl. Bild 2.37). Sind von einer Geraden die beiden Achsenabschnitte bekannt, so ist sie dadurch eindeutig bestimmt. Zur Bestimmung des Klemmenverhaltens eines linearen Zweipols genügt also die Berechnung der beiden Konstanten K_1 und K_2. Die beiden Bestimmungsgleichungen für sie können besonders gut aus dem Kurzschluß- und Leerlaufversuch gewonnen werden.

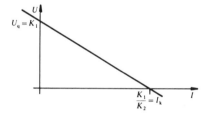

Bild 2.37.   Die Klemmenspannung an einem aktiven linearen Zweipol

Bei einem Leerlaufversuch $(I = 0)$ wird die Leerlaufspannung $U|_{I=0} = U_1$ gemessen, und mit Gl. (2.54) gilt

$$U|_{I=0} = U_1 = K_1, \tag{2.55}$$

d.h. K_1 ist identisch mit der bei Leerlauf meßbaren Klemmenspannung.
Bei einem Kurzschlußversuch $(U = 0)$ wird der Kurzschlußstrom $I|_{U=0} = I_k$ gemessen, und mit Gl. (2.54) gilt

$$0 = K_1 - K_2 I|_{U=0}$$

$$I|_{U=0} = I_k = \frac{K_1}{K_2}$$

$$K_2 = \frac{K_1}{I_k} = \frac{U_1}{I_k}. \tag{2.56}$$

Setzt man die Ergebnisse (2.55) und (2.56) in (2.54) ein, so wird

$$U = U_1 - \frac{U_1}{I_k} I \, . \tag{2.57}$$

Vergleicht man dies mit der Gl. (2.44), so zeigt sich, daß der betrachtete Zweipol (Bild 2.36) sich an den Klemmen a, b ebenso verhält wie eine Spannungsquelle mit der Quellenspannung U_1 und dem Innenwiderstand U_1/I_k, siehe Bild 2.38. Demnach kann ein beliebiger linearer Zweipol

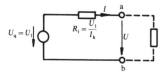

Bild 2.38. Ersatzspannungsquelle für einen beliebigen linearen Zweipol mit der Leerlaufspannung U_1 und dem Kurzschlußstrom I_k

durch eine einfache Spannungsquelle ersetzt werden, die man deshalb als Ersatzspannungsquelle bezeichnet. Der beliebige Zweipol und seine Ersatzspannungsquelle verhalten sich an ihren Klemmen gleich: die Funktionen

$$U = f(I)$$

stimmen bei beiden überein. Im Innern (d. h. links von den Klemmen) kann der ursprüngliche Zweipol natürlich gänzlich anders aufgebaut sein und sich anders verhalten als seine Ersatzspannungsquelle. Grundsätzlich läßt sich eine Ersatzspannungsquelle nicht nur durch Kurzschluß- und Leerlauf-Messung bestimmen, sondern auch aus dem Aufbau des zu ersetzenden Zweipols berechnen.

Beispiel 2.15

Berechnung der Leerlaufspannung U_q und des Innenwiderstandes R_i einer Ersatzspannungsquelle
Werden die Klemmen a, b der Schaltung 2.39 kurzgeschlossen, so ergibt sich

$$I_k = \frac{U_{q1}}{R_1} \, . \tag{2.58}$$

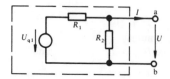

Bild 2.39. Linearer Zweipol (Spannungsteiler)

Bei Leerlauf gilt

$$U_q = U_1 = \frac{R_2}{R_1 + R_2} U_{q1} \, . \tag{2.59}$$

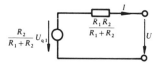

Bild 2.40. Ersatzspannungsquelle eines Spannungsteilers

Der Innenwiderstand ist

$$R_i = \frac{U_1}{I_k} = \frac{R_1 R_2}{R_1 + R_2}, \tag{2.60}$$

R_i läßt sich also als Parallelschaltung der beiden Widerstände R_1 und R_2 auffassen. Zu diesem Ergebnis kommt man übrigens auch, wenn man in Schaltung 2.39 die Quelle U_q kurzschließt und dann den Widerstand bestimmt, der sich von den Klemmen a, b aus ergibt.

2.4.4.2 Die Ersatzstromquelle

Wegen Gl. (2.47) gilt

$$U_q = R_i I_k$$

und die Gl. (2.44) läßt sich folgendermaßen darstellen:

$$U = R_i I_k - R_i I \tag{2.61}$$

$$I = I_k - \frac{U}{R_i} \tag{2.62}$$

$$I = I_k - I_i .$$

Die Gl. (2.62) beschreibt das Verhalten der Schaltung 2.41 a. In dieser Schaltung tritt keine konstante Quellenspannung, sondern eine Konstantstromquelle auf, deren Strom I_k bei Leerlauf ganz durch R_i fließen muß, so daß dann gilt

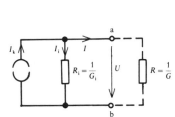

Bild 2.41a. Ersatzstromquelle

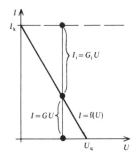

Bild 2.41b. Abhängigkeit des Klemmenstromes I von der Klemmenspannung U bei einer linearen Stromquelle

$$U_q = R_i I_k ;$$

im Kurzschlußfall fließt kein Strom durch den Innenwiderstand R_i der Stromquelle; dann ist

$$U = R_i I_i = 0 .$$

Sofern der Quellenstrom I_k und die Quellenspannung U_q der Gl. $U_q = R_i I_k$ genügen und die Innenwiderstände beider Schaltungen gleich sind, stimmt die Gl. (2.44), die das Klemmenverhalten einer Spannungsquelle beschreibt, mit der Gl. (2.61) überein, die das Klemmenverhalten einer Ersatzstromquelle beschreibt: Spannungs- und Stromquelle sind dann gleichwertig.

Beispiel 2.16

Berechnung des Quellenstromes I_k und des Innenwiderstandes R_i einer Ersatzstromquelle

Das Klemmenverhalten der Schaltung 2.39 läßt sich nicht nur durch eine Ersatzspannungsquelle (Beispiel 2.15), sondern auch durch eine Ersatzstromquelle (Bild 2.41 a) beschreiben.
Im Kurzschlußfall gilt für den Klemmenstrom I in Schaltung 2.39:

$$I_k = \underline{U_{q1}/R_1} \, .$$ (2.58)

Die Leerlaufspannung ist

$$U_1 = \frac{R_2}{R_1 + R_2} \, U_{q1}$$ (2.59)

und der Innenwiderstand

$$R_i = \frac{U_1}{I_k} = \underline{\frac{R_1 R_2}{R_1 + R_2}} \, ,$$ (2.60)

vgl. Bild 2.42.

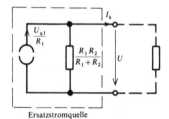

Ersatzstromquelle

Bild 2.42.   Ersatzstromquelle für einen Spannungsteiler (Bild 2.39)

Beispiel 2.17

Parallelschaltung dreier Spannungsquellen

Die Widerstände R_R, R_S, R_T, R_M und die Quellenspannungen U_R, U_S, U_T sind gegeben. Gesucht ist die Spannung U_{NM} (Bild 2.43).

Lösung:

Diese Aufgabe ist mit der Methode der Ersatzstromquelle besonders gut lösbar. Schließt man die Klemmen M und N kurz, so erhält man den Quellenstrom I_k der gesuchten Ersatzstromquelle (Bild 2.44):

$$I_k = \frac{U_R}{R_R} + \frac{U_S}{R_S} + \frac{U_T}{R_T} \, .$$ (2.63)

Der Innenwiderstand R_i der Ersatzquelle ergibt sich wie folgt: Die Quellen mit den Spannungen U_R, U_S, U_T werden kurzgeschlossen, und dann wird der Widerstand ermittelt, den der Zweipol an den Klemmen M, N

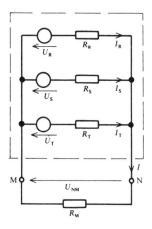

Bild 2.43. Parallelschaltung dreier Spannungsquellen

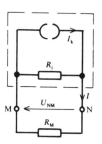

Bild 2.44. Ersatzstromquelle zum Zweipol in Bild 2.43

hat. In diesem Fall entsteht der Innenwiderstand einfach aus der Parallelschaltung von R_R, R_S und R_T (Bild 2.45):

$$\frac{1}{R_i} = G_i = \frac{1}{R_R} + \frac{1}{R_S} + \frac{1}{R_T}. \tag{2.64}$$

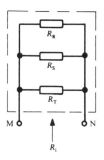

Bild 2.45. Zur Bestimmung des Innenwiderstandes eines Zweipols

Falls die Ersatzstromquelle mit dem Quellenstrom I_k und dem Innenwiderstand R_i an den Widerstand R_M angeschlossen wird, fließt der Strom I_k durch die Parallelschaltung von R_i und R_M (Bild 2.44), es gilt demnach mit $G_M = \dfrac{1}{R_M}$

$$U_{NM} = \frac{I_k}{G_i + G_M} = \frac{I_k}{\dfrac{1}{R_R} + \dfrac{1}{R_S} + \dfrac{1}{R_T} + \dfrac{1}{R_M}}$$

$$U_{NM} = \frac{\dfrac{U_R}{R_R} + \dfrac{U_S}{R_S} + \dfrac{U_T}{R_T}}{\dfrac{1}{R_R} + \dfrac{1}{R_S} + \dfrac{1}{R_T} + \dfrac{1}{R_M}} \; . \tag{2.65}$$

2.4.4.3 Äquivalenz von Zweipolen

In den Abschnitten 2.4.4.1 und 2.4.4.2 wurde gezeigt, daß ein beliebiger Zweipol in bezug auf seine Klemmen durch seine Ersatzspannungs- oder Ersatzstromquelle **ersetzt** werden kann. Zweipole, die sich an ihren Klemmen gleich verhalten, sind äquivalent, d. h. sie verhalten sich nach außen hin gleich. Es ist meßtechnisch unmöglich, sie von außen (d. h. ihrem Klemmenpaar aus) zu unterscheiden. Im Innern können sie aber sehr voneinander abweichen. Vor allem kann der Leistungsumsatz im Innern **aktiver** Zweipole (d. h. Zweipolen, die eine oder mehrere Quellen enthalten) sehr unterschiedlich sein: z. B. wird im Innern des Zweipols, der in Bild 2.39 dargestellt ist, auch dann Leistung verbraucht, wenn die Klemmen a und b leerlaufen. Im Innern der äquivalenten Ersatzspannungsquelle (Bild 2.40) dagegen wird im Leerlauf keine Leistung verbraucht. Die äquivalente Ersatzstromquelle (Bild 2.42) wiederum muß im Innern gerade bei Leerlauf **ihre** maximale Leistung aufbringen.

Beispiel 2.18

Vergleich mehrerer äquivalenter Zweipole
In Bild 2.46 werden vier äquivalente Zweipole miteinander verglichen, und zwar bei Leerlauf und Kurzschluß. Im Leerlauf stimmen die Klemmenspannungen und im Kurzschluß die Klemmenströme überein. Die Gesamtleistung P_{ges} ist in allen vier leerlaufenden Zweipolen unterschiedlich; auch im Kurzschlußfall stimmt sie in allen vier Zweipolen nicht überein.
Alle vier Zweipole sind äquivalent. Das heißt: die Schaltung A kann nicht nur durch ihre Ersatzspannungsquelle C oder ihre Ersatzstromquelle D ersetzt werden, sondern beispielsweise auch durch die Schaltung B.

2.4.5 Leistung an Zweipolen

2.4.5.1 Wirkungsgrad

Man definiert als Energie-Wirkungsgrad

$$\eta_W = \frac{\text{genutzte Energie}}{\text{gesamte aufgewendete Energie}}$$

$$\eta_W = \frac{W_n}{W_g} \; . \tag{2.66}$$

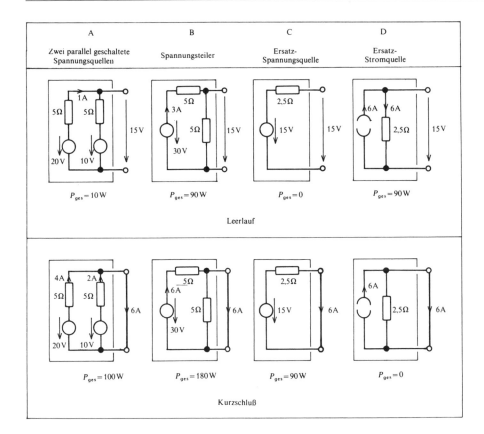

Bild 2.46. Vier äquivalente aktive Zweipole

Als Leistungs-Wirkungsgrad definiert man

$$\eta_P = \frac{\text{genutzte Leistung}}{\text{gesamte aufgewendete Leistung}}$$

$$\boxed{\eta_P = \frac{P_n}{P_g}}\ .$$ (2.67)

Falls η_P zeitlich konstant ist, gilt $\eta_P = \eta_W$. Speziell an einer belasteten Spannungsquelle (Bild 2.29) gilt wegen der Spannungsteilerformel (2.17):

$$U = \frac{R}{R + R_i}\ U_q\ .$$ (2.68)

Die Nutzleistung ist

$$P_n = I\,U\ ,$$ (2.69)

die Gesamtleistung

$$P_g = I\,U_q\,.$$ (2.70)

Daraus folgt mit den Gln. (2.67) und (2.68):

$$\eta_P = \frac{I\,U}{I\,U_q} = \frac{U}{U_q} = \frac{\dfrac{R}{R+R_i}\,U_q}{U_q}$$

$$\boxed{\eta_P = \frac{R}{R+R_i}}\,.$$ (2.71)

Beispiel 2.19

Wirkungsgrade bei Belastung einer Auto-Batterie

Eine Autobatterie hat die Spannung $U_q = 12\,\text{V}$ und den inneren Widerstand (einschließlich Widerstand der Zuleitungen) $R_i = 20\,\text{m}\Omega$. Während des Anlassens wird die Batterie 30 s lang mit dem Widerstand $R_w = 40\,\text{m}\Omega$ belastet. Danach betreibt die Batterie 10 min lang die Lichtanlage $(R_w = 2\,\Omega)$.
a) Wie groß ist der Leistungs-Wirkungsgrad während des Anlassens?
b) Wie groß ist er danach?
c) Mit welchem Energie-Wirkungsgrad hat die Batterie während der gesamten Betriebszeit gearbeitet?

Lösung:
a) Gl. (2.71) ergibt hier (vgl. Bild 2.29):

$$\eta_{P1} = \frac{40\,\text{m}\Omega}{40\,\text{m}\Omega + 20\,\text{m}\Omega} = \underline{0{,}666}\,.$$

b) In diesem Fall folgt aus Gl. (2.71)

$$\eta_{P2} = \frac{2\,\Omega}{2\,\Omega + 0{,}02\,\Omega} = \underline{0{,}99}\,.$$

c) Die Gesamtleistung während des Anlassens ist

$$P_{1g} = \frac{U_q^2}{R_{(1)} + R_i} = \frac{12^2\,\text{V}^2}{60\,\text{m}\Omega} = \frac{144\,\text{V}^2}{6\cdot 10^{-2}\,\Omega} = \underline{2{,}4\,\text{kW}}$$

und die Nutzleistung

$$P_{1n} = \eta_{P1}\,P_{1g} = \frac{2}{3}\cdot 2{,}4\,\text{kW} = \underline{1{,}6\,\text{kW}}\,.$$

Die Batterie gibt beim Anlassen die Gesamtenergie

$$W_{1g} = P_{1g}\cdot t_1 = 2{,}4\,\text{kW}\cdot 0{,}5\,\text{min} = \underline{1{,}2\,\text{kW min}}$$

ab bei einem Nutzanteil von

$$W_{1n} = P_{1n}\cdot t_1 = \underline{0{,}8\,\text{kW min}}\,.$$

Während die Lichtanlage gespeist wird, liefert die Batterie die Gesamtleistung

$$P_{2g} = \frac{U_q^2}{R_{(2)} + R_i} = \frac{12^2\,\text{V}^2}{2{,}02\,\Omega} = \underline{71{,}3\,\text{W}}\,;$$

die Nutzleistung ist

$$P_{2n} = \eta_{p2} P_{2g} = 0,99 \cdot 71,3 \text{ W} = \underline{\underline{70,5 \text{ W}}} \, .$$

Die Batterie gibt für den Betrieb der Lichtanlage die Gesamtenergie

$$W_{2g} = P_{2g} \cdot t_2 = 71,3 \text{ W} \cdot 10 \text{ min} = \underline{\underline{0,713 \text{ kW min}}}$$

ab; der Nutzanteil ist dabei

$$W_{2n} = P_{2n} \cdot t_2 = \underline{\underline{0,705 \text{ kW min}}} \, .$$

Als Energie-Wirkungsgrad ergibt sich mit diesen Werten aus der Definition (2.66)

$$\eta_W = \frac{W_n}{W_g} = \frac{W_{1n} + W_{2n}}{W_{1g} + W_{2g}} = \frac{0,8 + 0,705}{1,2 + 0,713} = \underline{\underline{0,786}} \, .$$

Beispiel 2.20

Leistungs-Wirkungsgrad einer Taschenlampe
Eine Glühlampe (Nenndaten: 2,5 V; 0,5 W) wird in einer Taschenlampe mit zwei hintereinander geschalteten Kohle-Zink-Batterien (je 1,5 V und 1,25 Ω) betrieben.
a) Welchen Leistungs-Wirkungsgrad hat die Schaltung?
b) Es stehen vier Batterien (mit ebenfalls je 1,5 V und 1,25 Ω) zur Verfügung.
   Welche Betriebsspannung U und welchen Betriebswiderstand R müßte eine Glühlampe haben, die bei Anschluß an die vier hintereinander geschalteten Batterien ebenfalls 0,5 W aufnehmen soll? Welcher Leistungs-Wirkungsgrad ergibt sich nun?

Lösung:
a) Aus den Nenndaten der Glühlampe ergibt sich deren Widerstand

$$R = \frac{U^2}{P} = \frac{2,5^2 \text{ V}^2}{0,5 \text{ W}} = \underline{\underline{12,5 \, \Omega}} \, ,$$

und mit Gl. (2.71) folgt

$$\eta_a = \frac{R}{R + R_i} = \frac{12,5}{12,5 + 2 \cdot 1,25} = \frac{5}{6} = \underline{\underline{0,833}} \, .$$

b) Wenn vier Batterien verwendet werden, gilt

$$R_i = 4 \cdot 1,25 \, \Omega = 5 \, \Omega; \quad U_q = 4 \cdot 1,5 \text{ V} = 6 \text{ V} \, .$$

Die Leistung der Glühlampe soll weiterhin $P = 0,5$ W sein. Für diese Leistung gilt außerdem (vgl. Bild 2.29)

$$P = R I^2 = \frac{U_q^2}{(R_i + R)^2} R$$

$$(R_i + R)^2 = \frac{U_q^2}{P} R \, .$$

Mit der Abkürzung

$$\alpha = \frac{U_q^2}{P} = \frac{36 \text{ V}^2}{0,5 \text{ W}} = 72 \, \Omega$$

wird

$$(R_i + R)^2 = \alpha R \, .$$

Dies kann als Bestimmungsgleichung für den Lampenwiderstand R verwendet werden:

$$R^2 + 2R\left(R_i - \frac{\alpha}{2}\right) + R_i^2 = 0\,.$$

Die Auflösung dieser quadratischen Gleichung liefert

$$R = \frac{\alpha}{2} - R_i \pm \sqrt{\alpha\left(\frac{\alpha}{4} - R_i\right)}\,.$$

Mit den gegebenen Zahlenwerten wird daraus

$$R = 31\,\Omega \pm \sqrt{72(18-5)}\,\Omega = 31\,\Omega \pm 6\sqrt{26}\,\Omega$$

$$R_{(1)} = \underline{\underline{61,6\,\Omega}}$$

$$R_{(2)} = 0,406\,\Omega\,.$$

Die erste Lösung ergibt

$$\eta_{b1} = \frac{R}{R+R_i} = \frac{61,6}{66,6} = \underline{\underline{0,925}}\,,$$

also eine Verbesserung des Wirkungsgrades durch Verwendung von mehr Batterien.
Die zweite Lösung würde praktisch den Kurzschluß der Batterien bedeuten; sie hätte den schlechten Wirkungsgrad

$$\eta_{b2} = \frac{0,406}{5 + 0,406} = 0,075$$

und kommt natürlich nicht in Betracht.

2.4.5.2 Leistungs-Anpassung

Wenn ein Verbraucher-Widerstand R (vgl. Bild 2.29) sehr groß wird (im Vergleich zu R_i), dann kann er einer Spannungsquelle schließlich immer weniger Leistung entnehmen; wird $R = \infty$ (Leerlauf), so gilt

$$P = \frac{U^2}{R} = \frac{U_q^2}{\infty} = 0\,.$$

Aber auch wenn R sehr klein ist, wird schließlich die an den Verbraucher abgegebene Leistung sehr klein: im Kurzschluß gibt die Batterie ihre gesamte Leistung an den inneren Widerstand R_i ab und für die Verbraucher-Leistung folgt

$$P = I^2 R = I_k^2 \cdot 0 = 0\,.$$

Wenn in den beiden Extremfällen Leerlauf und Kurzschluß keine Leistung nach außen abgegeben wird, so muß mindestens ein Belastungsfall (d.h. ein Wert R) möglich sein, bei dem P maximal wird.

Für die Leistung P am Belastungswiderstand R gilt:

$$P = I^2 R = \frac{U_q^2}{(R + R_i)^2} R$$

$$P = \frac{U_q^2}{R_i} \frac{R/R_i}{(1 + R/R_i)^2} .$$ (2.72)

Mit der Abkürzung

$$\boxed{\alpha = \frac{R}{R_i}}$$ (2.73)

für das Widerstandsverhältnis lautet Gl. (2.72):

$$\boxed{P = \frac{U_q^2}{R_i} \frac{\alpha}{(1 + \alpha)^2}} .$$ (2.74)

Hierbei ist übrigens

$$\frac{U_q^2}{R_i} = P_{qk}$$

die Leistung, die die Quelle bei Kurzschluß aufbringen muß. Die genaue Untersuchung der in Gl. (2.74) beschriebenen Funktion $P = f(\alpha)$ zeigt, daß P maximal wird, wenn $\alpha = 1$ ist (vgl. Bild 2.48). Mit Hilfe der Differentialrechnung läßt sich das Maximum der Funktion

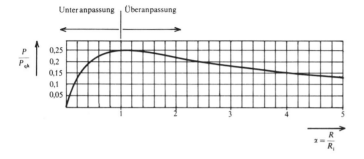

Bild 2.48.   Verbraucherleistung in Abhängigkeit vom Widerstandsverhältnis

$$P = P_{qk} \frac{\alpha}{(1+\alpha)^2}$$

leicht auffinden. Nach der Quotientenregel ergibt sich als erste Ableitung:

$$\frac{dP}{d\alpha} = P_{qk} \frac{(1+\alpha)^2 - \alpha \cdot 2(1+\alpha)}{(1+\alpha)^4} = P_{qk} \frac{1-\alpha}{(1+\alpha)^3} . \tag{2.75}$$

Ein Extremwert der Funktion $P = f(\alpha)$ folgt aus der Bedingung

$$\frac{dP}{d\alpha} = 0 ,$$

mit Gl. (2.75) also aus

$$P_{qk} \frac{1-\alpha}{(1+\alpha)^3} = 0 .$$

Diese Bedingung wird erfüllt für

$$\alpha_{opt} = 1 ,$$

vgl. Bild 2.48. Der Extremwert der Funktion $P = f(\alpha)$ tritt also auf, wenn

$$R = R_i \tag{2.76}$$

wird; d.h. ein Verbraucher-Widerstand R kann einer Spannungsquelle dann eine maximale Leistung entnehmen, wenn er gerade so groß wie der Innenwiderstand R_i der Quelle ist. Man spricht in diesem Fall von **Leistungsanpassung** und unterscheidet die drei Fälle

$R < R_i$ Unteranpassung,

$R = R_i$ Anpassung,

$R > R_i$ Überanpassung.

Der Wirkungsgrad ist im Anpassungsfall gemäß Gl. (2.71)

$$\eta = \frac{R}{R + R_i} = 0{,}5 .$$

2.5   Nichtlineare Zweipole

2.5.1   Kennlinien nichtlinearer Zweipole

Viele der bisher behandelten Gesetzmäßigkeiten und Lösungsmethoden setzen voraus, daß nur lineare Zweipole vorkommen; vgl. Gl. (2.2a) und Bild 2.2. Bei einer Reihe technisch wichtiger Bauelemente hängen jedoch U und I nicht linear zusammen. Bei der Berechnung von Schaltungen, die solche nichtlinearen Zweipole enthalten, geht man immer von der **Strom-Spannungs-Kennlinie** $I = f(U)$ aus. Deshalb werden hier zunächst einige Beispiele wichtiger nichtlinearer Kennlinien dargestellt.
Germanium- und Silizium-Dioden sollen in einem bestimmten Spannungsbereich möglichst nicht leiten und außerhalb dieses Bereiches möglichst gut leiten. Die Kennlinie der Dioden muß also stark von einer Geraden abweichen (Bilder 2.49 bis 2.51).

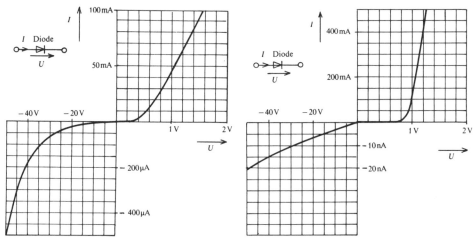

Bild 2.49.   Kennlinie einer Germaniumdiode   Bild 2.50.   Kennlinie einer Siliziumdiode

Bild 2.52 zeigt das Verhalten einer Glühlampe: bei ihr nimmt – im Gegensatz zur Diode – der Wert $U/I = R$ mit wachsender Spannung U zu.

Bei den Kennlinien der Bilder 2.49 bis 2.52 ist die Zuordnung zwischen U und I eindeutig: zu jedem Wert I gehört nur ein Wert U (und umgekehrt). Beispiele nicht eindeutiger Kennlinien liefern Tunneldiode, Glimmlampe, Kaltleiter und Heißleiter (Bilder 2.53 bis 2.56).

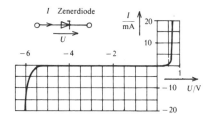

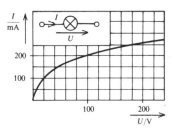

Bild 2.51.   Kennlinie einer Z-Diode   Bild 2.52.   Kennlinie einer Glühlampe

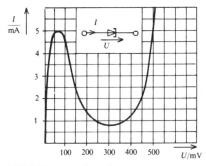

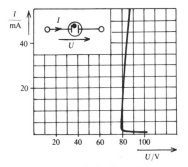

Bild 2.53.   Kennlinie einer Tunneldiode   Bild 2.54.   Kennlinie einer Glimmlampe

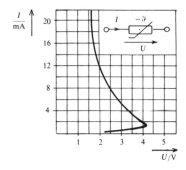

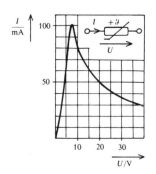

Bild 2.55.   Kennlinie eines Heißleiters   Bild 2.56.   Kennlinie eines Kaltleiters

Bildet man zu den einzelnen Punkten der Funktion $I = \mathrm{f}(U)$ jeweils den Quotienten $R = U/I$, so zeigt sich, daß Bauelemente mit nichtlinearer Kennlinie $I = \mathrm{f}(U)$ auch durch die Funktion $R = \mathrm{f}(U)$ beschrieben werden können (R ist hier nicht konstant, im Gegensatz zum ohmschen Widerstand). Das Bild 2.57 zeigt den Verlauf $R = \mathrm{f}(U)$ für die in Bild 2.49 dargestellte Kennlinie, und Bild 2.58 gehört zu Bild 2.52.

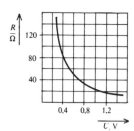
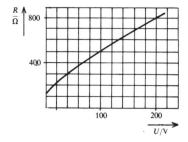

Bild 2.57.   Widerstand einer Germaniumdiode   Bild 2.58.   Widerstand einer Glühlampe als
             als Funktion der Spannung   Funktion der Spannung

2.5.2   Grafische Bestimmung des Stromes in Netzen mit einem nichtlinearen Zweipol

Netze, die nur Konstant-Spannungsquellen und ohmsche Widerstände enthalten, sind leicht zu berechnen: alle einfachen Rechenverfahren setzen die Kenntnis des Widerstandswertes

$$R = \frac{U}{I}$$

für die im Netz vorhandenen passiven Zweipole voraus. Gerade dieser Wert R ist aber bei den nichtlinearen Zweipolen vom Strom abhängig und kann daher nicht als bekannte Größe in die Gleichungen eingeführt werden.

Für Netze, die außer linearen Elementen ein nichtlineares Element enthalten, gibt es ein einfaches grafisches Lösungsverfahren. Als Beispiel betrachten wir die Ermittlung des Stromes I (siehe

Bild 2.59) aus den gegebenen Werten U_q, R_i und der ebenfalls gegebenen Kennlinie $I = f(U)$ (Bild 2.60). Das zweite Kirchhoffsche Gesetz liefert für die betrachtete Schaltung

$$U_q = U_i + U \tag{2.77}$$

$$U_q = R_i I + U \tag{2.78}$$

$$I = \frac{U_q - U}{R_i}. \tag{2.79}$$

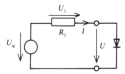

Bild 2.59. Reihenschaltung eines ohmschen Widerstandes und einer Diode

Diese Gleichung stellt I als Funktion von U dar und beschreibt die in Bild 2.60 dargestellte Gerade. Der Schnittpunkt dieser Geraden mit der Kennlinie

$$I = f(U) \tag{2.80}$$

befriedigt sowohl die Gl. (2.79) als auch die Funktion (2.80). Die Koordinaten $I_{(S)}$, $U_{(S)}$ des Schnittpunkts können also als Lösung der beiden Gln. (2.79) und (2.80) mit den Unbekannten I und U angesehen werden (allerdings liegt hierbei die Gl. (2.80) von vornherein nur als Kurve in einem U,I-Koordinatensystem vor).

Die Gerade (2.79) nennt man **Widerstandsgerade,** weil ihre Steigung allein durch den ohmschen Widerstand der Schaltung bestimmt wird. Die Achsenabschnitte der Widerstandsgeraden sind leicht zu berechnen. Der U-Achsenabschnitt U^* ergibt sich, wenn man in Gl. (2.79) $I=0$ setzt (Leerlauf):

$$0 = \frac{U_q - U^*}{R_i}$$

$$U^* = U_q. \tag{2.81}$$

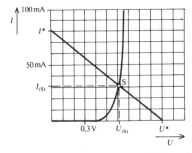

Bild 2.60. Bestimmung des Schnittpunktes der Dioden-Kennlinie mit der Widerstandsgeraden

Der I-Achsenabschnitt I^* ergibt sich, wenn in Gl. (2.79) $U=0$ gesetzt wird (Kurzschluß):

$$I^* = \frac{U_q}{R_i}. \tag{2.82}$$

Wird bei konstanter Quellenspannung U_q nur der Widerstand R_i verändert, so bleibt der U-Achsenabschnitt U^* erhalten und nur der I-Achsenabschnitt I^* nimmt gemäß Gl. (2.82) mit wachsendem R_i ab; das ergibt eine Drehung um den Punkt U^* (Bild 2.61 a).

Wird bei konstantem R_i nur U_q verändert, so ändern sich gemäß den Gln. (2.81) und (2.82) beide Achsenabschnitte in gleichem Maße; das ergibt eine Parallelverschiebung der Widerstandsgeraden (Bild 2.61 b).

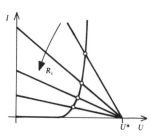
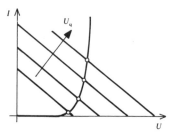

Bild 2.61a. Drehung der Widerstandsgeraden durch Verändern des Reihenwiderstandes R_i

Bild 2.61b. Parallelverschiebung der Widerstandsgeraden durch Verändern der Quellenspannung U_q

Schaltet man zu der in Bild 2.59 dargestellten Diode einen Widerstand (R_N) parallel (Bild 2.62), so gilt

$$U_q = (I + I_N)\,R_i + U \qquad \text{und} \qquad I_N = \frac{U}{R_N},$$

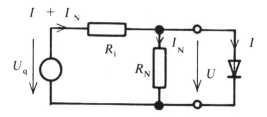

Bild 2.62. Zweimaschiges Netz mit einer Diode

also

$$U_q = \left(I + \frac{U}{R_N}\right) R_i + U = U\left(1 + \frac{R_i}{R_N}\right) + I\,R_i.$$

Dies ist die Gleichung für eine Gerade mit den Achsenabschnitten

$$U^* = \frac{U_q}{1 + \dfrac{R_i}{R_N}}; \quad I^* = \frac{U_q}{R_i}.$$

Wird R_N verändert, so bleibt I^* konstant, aber der U-Achsenabschnitt nimmt mit R_N zu (siehe Bild 2.63).

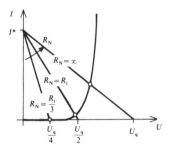

Bild 2.63.   Drehung der Widerstandsgeraden durch Verändern des Parallel-Widerstandes R_N

Beispiel 2.21

Bestimmung des Diodenstromes aus Kennlinie und Widerstandsgerade
In Bild 2.59 sind für die Quellenspannung U_q und den Widerstand R_i folgende Zahlenwerte gegeben:

$$U_q = 1 \text{ V}; \quad R_i = 12{,}5 \, \Omega.$$

Die Diode hat die in Bild 2.60 dargestellte Kennlinie. Welcher Wert U und welcher Wert I ergeben sich für die Diode?

Lösung:
Wegen Gl. (2.81) wird der U-Achsenabschnitt der Widerstandsgeraden

$$U^* = U_q = 1 \text{ V};$$

und der I-Achsenabschnitt wird wegen Gl. (2.82)

$$I^* = \frac{U_q}{R_i} = \frac{1 \text{ V}}{12{,}5 \, \Omega} = 80 \text{ mA}.$$

Diese Werte sind in Bild 2.60 eingezeichnet. Die Widerstandsgerade schneidet die Kennlinie im Punkt S. Die Koordinaten dieses Schnittpunktes stellen die gesuchte Lösung dar:

$$I = I_{(S)} = 32 \text{ mA}, \quad U = U_{(S)} = 0{,}61 \text{ V}.$$

Beispiel 2.22

Spannungs-Stabilisierung mit zwei Dioden
Die Spannung an dem Widerstand R_N soll auf ungefähr 1,2 V stabilisiert werden. Zu diesem Zweck werden zwei Siliziumdioden des gleichen Typs parallel zu R_N geschaltet (Bild 2.64a). Die Dioden haben die in Bild 2.65 dargestellte Kennlinie $I = \text{f}(U)$.

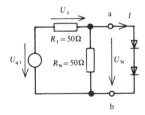

Bild 2.64a.   Schaltung zur Spannungsstabilisierung mit Dioden

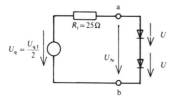

Bild 2.64b. Vereinfachung von Schaltung 2.64a durch eine Ersatzspannungsquelle

a) Zwischen welchen Werten schwankt U_N, wenn sich die Quellenspannung

$$U_{q1} = 4 \text{ V}$$

um ± 1 V verändert?

b) Wie groß ist der Wirkungsgrad η im Fall $U_{q1} = 4$ V ohne die Dioden?

c) Welchen Wert hat η, wenn die Dioden hinzukommen?

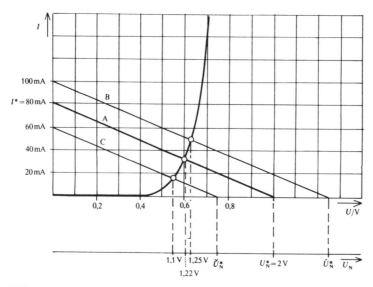

Bild 2.65. Spannungs-Stabilisierung mit Dioden

Lösung:

a) Für den Zweipol links von den Klemmen a, b (Bild 2.64a) wird zunächst die Ersatzspannungsquelle bestimmt (Bild 2.64b). Die Leerlaufspannung an den Klemmen a, b ist gemäß Gl. (2.59)

$$U_q = U_1 = \frac{50\,\Omega}{50\,\Omega + 50\,\Omega} U_{q1} = \frac{1}{2} U_{q1}$$

und der innere Widerstand

$$R_i = \frac{R_1 R_N}{R_1 + R_N} = 25\,\Omega.$$

Der Kurzschlußstrom ist

$$I_k = \frac{U_{q1}}{R_1} = \frac{U_{q1}}{50\,\Omega}.$$

Von der Kennlinie $I = f(U)$ einer einzelnen Diode kann man leicht auf die Kennlinie

$$I = f(U_N)$$

der Diodenreihenschaltung schließen: zu jedem Stromwert der in Bild 2.65 dargestellten Kennlinie gehört nun einfach der doppelte Spannungswert:

$$U_N = 2U.$$

Das ist in Bild 2.65 dadurch berücksichtigt, daß unter die U-Achse eine zweite Achse eingezeichnet ist, auf der die zugehörigen Werte U_N aufgetragen sind. Die Widerstandsgerade A (in Bild 2.65 dick eingezeichnet),

$$I = \frac{U_q - U_N}{R_i},$$

hat mit $U_q = \frac{1}{2} U_{q1} = \frac{1}{2} 4\,\text{V} = 2\,\text{V}$ folgende Achsenabschnitte:

$$U_N^* = U_q = 2\,\text{V}\,; \quad I^* = I_k = \frac{4\,\text{V}}{50\,\Omega} = 80\,\text{mA}.$$

Für den Wert $\hat{U}_{q1} = 5\,\text{V}$ wird $\hat{U}_N^* = 2{,}5\,\text{V}$ und für $\check{U}_{q1} = 3\,\text{V}$ wird $\check{U}_N^* = 1{,}5\,\text{V}$. Zu den Stellen $\hat{U}_N^*$ und $\check{U}_N^*$ auf der U_N-Achse gehören die entsprechenden Widerstandsgeraden B und C, die gegenüber der Geraden A parallel verschoben sind (in Bild 2.65 dünn eingezeichnet). Aus den Schnittpunkten der Geraden B und C mit der Kennlinie ergeben sich die zugehörigen Spannungen U_N:

$$\hat{U}_N = \underline{\underline{1{,}25\,\text{V}}}$$

$$\check{U}_N = \underline{\underline{1{,}1\,\text{V}}}.$$

Durch die Dioden wird also erreicht, daß bei einer Schwankung der Quellenspannung um $\pm 25\%$ an R_N nur noch eine Spannungs-Schwankung von knapp $\pm 6\%$ auftritt.

b) Ohne die Dioden gilt gemäß Gl. (2.71)

$$\eta = \frac{R_N}{R_1 + R_N} = \underline{\underline{0{,}5}}.$$

c) Die Ersatzspannungsquelle (Bild 2.64 b) diente in dieser Aufgabe dazu, die Klemmenspannung U und den Klemmenstrom I zu berechnen. Zur Berechnung der Gesamtleistung müssen wir allerdings wieder auf die ursprüngliche Schaltung (Bild 2.64 a) zurückgreifen (vgl. Abschnitt 2.4.4.3). Die Leistung im Nutzwiderstand R_N ist

$$P_N = \frac{U_N^2}{R_N}.$$

Die Verlustleistung in den Dioden ist

$$P_D = U_N I\,;$$

im Widerstand R_1 ist sie

$$P_1 = \frac{U_1^2}{R_1} = \frac{(U_{q1} - U_N)^2}{R_1},$$

und speziell wegen $R_1 = R_N$ wird

$$P_1 = \frac{(U_{q1} - U_N)^2}{R_N}.$$

Der Wirkungsgrad ist nun (vgl. Gl. (2.67))

$$\eta = \frac{P_N}{P_N + P_D + P_1} = \frac{U_N^2}{U_N^2 + U_N I R_N + (U_{q1} - U_N)^2} = \frac{1{,}22^2}{1{,}22^2 + 1{,}22 \cdot 3{,}2 \cdot 10^{-2} \cdot 50 + 2{,}78^2}$$

$$\eta = \underline{\underline{0{,}133}}.$$

2.6 Der Überlagerungssatz (Superpositionsprinzip nach Helmholtz)

In Abschnitt 2.4.3 (Linearität) wurde gezeigt, daß zwischen einem beliebigen Strom und einer beliebigen Spannung in einem Netz aus Widerständen und konstanten Quellenspannungen ein

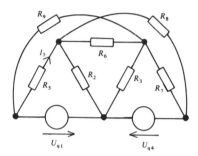

Bild 2.66.   Netz mit zwei Spannungsquellen

linearer Zusammenhang besteht. So muß beispielsweise der Strom I_5 (Bild 2.66) linear von den im Netz vorhandenen Quellenspannungen (U_{q1}, U_{q4}) abhängen:

$$I_5 = k_1 U_{q1} + k_4 U_{q4} \,. \tag{2.83}$$

Daraus folgt, daß wir den Strom I_5 auch auf folgende Weise bestimmen können: Man berechnet zunächst den Strom I_5, der sich gemäß Gl. (2.83) ergeben würde, wenn alle Quellenspannungen bis auf U_{q1} zu Null gemacht (d. h. kurzgeschlossen) werden:

$$I_5^{(1)} = k_1 U_{q1} \,. \tag{2.84}$$

Danach berechnet man den Strom $I_5^{(4)}$, der allein durch U_{q4} verursacht würde:

$$I_5^{(4)} = k_4 U_{q4} \,. \tag{2.85}$$

Der tatsächlich im Zweig 5 fließende Strom I_5 ergibt sich also, wie die Gln. (2.83) bis (2.85) zeigen, als Summe der beiden Stromanteile:

$$I_5 = I_5^{(1)} + I_5^{(4)} \,. \tag{2.86}$$

Allgemein gilt folgendes:
Wenn ein lineares Netz n Spannungsquellen ($U_{q1}, U_{q2}, ..., U_{qn}$) enthält, dann verursacht die Quelle 1 den Stromanteil

$$I_m^{(1)} = k_1 U_{q1}$$

im Zweig m; die Quelle 2 verursacht den Stromanteil

$$I_m^{(2)} = k_2 U_{q2}$$

usw. Damit gilt für den Strom I_m im Zweig m:

$$\boxed{I_m = k_1 U_{q1} + k_2 U_{q2} + ... + k_n U_{qn} = I_m^{(1)} + I_m^{(2)} + ... + I_m^{(n)}} \,. \tag{2.87}$$

Die hier beschriebene Gesetzmäßigkeit folgt zwangsläufig aus der Linearität des Netzes. Man nennt sie den Überlagerungssatz (Superpositionsprinzip), weil jeder Zweigstrom (jede Zweigspannung) als Summe von Anteilen der Ströme (Spannungen) aufgefaßt werden kann, die jeweils von nur einer Quelle verursacht werden.

Beispiel 2.23

Parallelschaltung dreier Spannungsquellen
Aufgabenstellung wie in Beispiel 2.17.

Lösung:
Zur Lösung dieser Aufgabe kann der Überlagerungssatz herangezogen werden. Wenn nur die Quelle mit der Spannung U_R wirksam ist, fließt durch sie der Strom (vgl. Bild 2.67)

$$I_R^{(R)} = \frac{U_R}{\dfrac{1}{G_R} + \dfrac{1}{G_S + G_T + G_M}}.$$

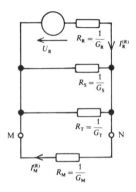

Bild 2.67.   Zur Berechnung des von U_R verursachten Teilstroms $I_M^{(R)}$

Nach der Stromteilerformel (2.28) gilt dann

$$I_M^{(R)} = \frac{G_M}{G_S + G_T + G_M} I_R^{(R)} = \frac{G_M}{G_S + G_T + G_M} \frac{U_R}{\dfrac{1}{G_R} + \dfrac{1}{G_S + G_T + G_M}} = U_R \frac{G_M G_R}{G_R + G_S + G_T + G_M}.$$

Auf die gleiche Weise ergeben sich die Stromanteile, die von den Quellenspannungen U_S und U_T bewirkt werden:

$$I_M^{(S)} = U_S \frac{G_M G_S}{G_R + G_S + G_T + G_M}$$

und

$$I_M^{(T)} = U_T \frac{G_M G_T}{G_R + G_S + G_T + G_M}.$$

Aus der Überlagerung der Stromanteile ergibt sich der Strom I_M:

$$I_M = I_M^{(R)} + I_M^{(S)} + I_M^{(T)} = \frac{G_M}{G_R + G_S + G_T + G_M} (U_R G_R + U_S G_S + U_T G_T).$$

Die Spannung an R_M ist

$$U_{NM} = \frac{I_M}{G_M} = \frac{U_R G_R + U_S G_S + U_T G_T}{G_R + G_S + G_T + G_M} = \frac{\dfrac{U_R}{R_R} + \dfrac{U_S}{R_S} + \dfrac{U_T}{R_T}}{\dfrac{1}{R_R} + \dfrac{1}{R_S} + \dfrac{1}{R_T} + \dfrac{1}{R_M}} \ . \tag{2.65}$$

Dieses Ergebnis stimmt mit dem aus Beispiel 2.17 überein. Der Rechengang zeigt, daß die Methode der Ersatzstromquelle in diesem Fall schneller zum Ziel führt.

Beispiel 2.24

Berechnung eines Stromes in einem Netz mit zwei Stromquellen (mit Hilfe des Überlagerungssatzes)
In einem Netz (Bild 2.68) sind sämtliche Widerstände und die beiden Quellenströme I_B, I_C gegeben. Der Strom I_1 ist allgemein und für die Werte

$$I_B = 4\,\mathrm{A}, \quad I_C = 1\,\mathrm{A}$$

zu berechnen.

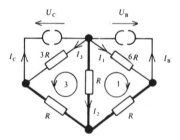

Bild 2.68.   Netz mit zwei Stromquellen

Lösung:
Falls nur die linke Stromquelle (I_C) wirkt (vgl. Bild 2.69 a), so folgt durch zweimaliges Anwenden der Stromteiler-Regel (2.29 b)

$$I_1^{(C)} = \frac{3R}{3R + \dfrac{R \cdot 7R}{R + 7R} + R} \cdot \frac{R}{R + 7R} I_C = \frac{1}{13} I_C \ .$$

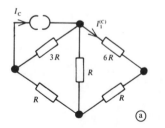
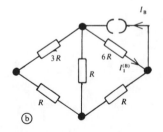

Bild 2.69.   Zur Anwendung des Überlagerungssatzes bei der Berechnung von I_1

Wirkt nur die rechte Quelle (I_B) (vgl. Bild 2.69 b), so gilt nach der Stromteiler-Regel (2.29 b)

$$I_1^{(B)} = \frac{R + \dfrac{R \cdot 4R}{R+4R}}{R + \dfrac{R \cdot 4R}{R+4R} + 6R} I_B = \frac{3}{13} I_B \,.$$

Aus den beiden Stromanteilen $I_1^{(C)}$ und $I_1^{(B)}$ ergibt sich schließlich I_1:

$$I_1 = I_1^{(C)} + I_1^{(B)} = \frac{1}{13}(I_C + 3 I_B)$$

$$I_1 = \frac{1}{13}(1\,\text{A} + 3 \cdot 4\,\text{A}) = 1\,\text{A} \,.$$

(Das in Bild 2.68 dargestellte Netz ist auch in Beispiel 2.2 schon verwendet worden.)

2.7 Stern-Dreieck-Transformation

Nicht nur Zweipole können durch äquivalente Schaltungen ersetzt werden, sondern auch Dreipole, Vierpole usw. Ein wichtiger Sonderfall solcher Methoden der Netzumwandlung ist die Umrechnung passiver Sternschaltungen in äquivalente Vieleckschaltungen, z. B. die Umwandlung eines Vierer-Sterns in ein Viereck (Bild 2.70). Grundsätzlich läßt sich jede Sternschaltung in eine Vieleckschaltung umwandeln; d. h. es läßt sich zu jeder Sternschaltung eine Vieleckschaltung finden, die sich nach außen hin ebenso verhält.

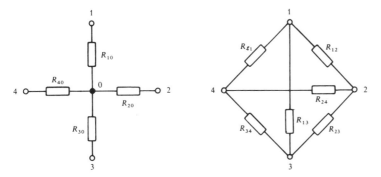

Bild 2.70. Viererstern und Viereck aus ohmschen Widerständen

Von besonderer praktischer Bedeutung ist die Umwandlung von Dreiersternen in Dreiecke oder umgekehrt von Dreiecken in Dreiersterne, vgl. Bild 2.71. Wenn sich beide Schaltungen dieses Bildes nach außen hin gleich verhalten sollen, so muß gelten

$$R_{10} + R_{20} = R_{12} \parallel (R_{23} + R_{31})$$

$$R_{10} + R_{20} = \frac{R_{12}(R_{23} + R_{31})}{R} \tag{2.88 a}$$

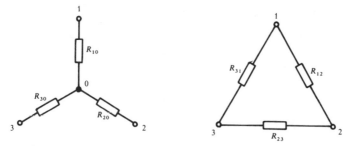

Bild 2.71.   (Dreier-)Stern- und Dreieck-Schaltung

$$R_{20} + R_{30} = \frac{R_{23}(R_{31} + R_{12})}{R} \qquad\qquad (2.88\,b)$$

$$R_{30} + R_{10} = \frac{R_{31}(R_{12} + R_{23})}{R} \, . \qquad\qquad (2.88\,c)$$

Hierbei wurde als Abkürzung verwendet:

$$R = R_{12} + R_{23} + R_{31} \, . \qquad\qquad (2.89)$$

2.7.1 Umwandlung eines Dreiecks in einen Stern

Addiert man die Gln. (2.88 a) und (2.88 c) und subtrahiert Gl. (2.88 b), so erhält man

$$R(R_{10} + R_{20} - R_{20} - R_{30} + R_{30} + R_{10}) = R_{12} R_{23} + R_{12} R_{31} - R_{23} R_{31} - $$
$$- R_{23} R_{12} + R_{31} R_{12} + R_{31} R_{23}$$

$$2 R R_{10} = 2 R_{12} R_{31}$$

$$\boxed{R_{10} = \frac{R_{12} R_{31}}{R_{12} + R_{23} + R_{31}}} \, . \qquad\qquad (2.90\,a)$$

Setzt man dies in Gl. (2.88 a) ein, so ergibt sich

$$R_{20} = \frac{R_{12}(R_{23} + R_{31})}{R} - R_{10} = \frac{R_{12}(R_{23} + R_{31})}{R} - \frac{R_{12} R_{31}}{R}$$

$$\boxed{R_{20} = \frac{R_{12} R_{23}}{R_{12} + R_{23} + R_{31}}} \, . \qquad\qquad (2.90\,b)$$

Setzt man Gl. (2.90 a) in Gl. (2.88 c) ein, so wird schließlich

$$R_{30} = \frac{R_{31}(R_{12} + R_{23})}{R} - R_{10} = \frac{R_{31}(R_{12} + R_{23})}{R} - \frac{R_{12} R_{31}}{R}$$

$$R_{30} = \frac{R_{23}R_{31}}{R_{12}+R_{23}+R_{31}} \quad .$$

$$(2.90\,\text{c})$$

Die Ergebnisse (2.90 a, b, c) bedeuten folgendes. Wenn die Dreieckswiderstände gegeben sind, gilt für die Berechnung der Sternwiderstände:

$$\text{Sternwiderstand} = \frac{\text{Produkt der Anliegerwiderstände}}{\text{Umfangswiderstand}} \quad .$$

2.7.2 Umwandlung eines Sterns in ein Dreieck

Es lassen sich nicht nur die Sternwiderstände aus den Dreieckswiderständen berechnen, sondern umgekehrt auch die Dreieckswiderstände R_{12}, R_{23}, R_{31} aus vorgegebenen Sternwiderständen R_{10}, R_{20}, R_{30}. Hierzu müßten die Gln. (2.88 a, b, c) nach R_{12}, R_{23}, R_{31} aufgelöst werden. Hier soll jedoch von den Gln. (2.90 a, b, c) ausgegangen werden; aus ihnen folgt

$$\frac{R_{12}R_{31}}{R_{10}} = R_{12}+R_{23}+R_{31} \tag{2.91a}$$

$$\frac{R_{12}R_{23}}{R_{20}} = R_{12}+R_{23}+R_{31} \tag{2.91b}$$

$$\frac{R_{23}R_{31}}{R_{30}} = R_{12}+R_{23}+R_{31} \; . \tag{2.91c}$$

Ein Vergleich der Gl. (2.91 a) mit (2.91 b) ergibt

$$R_{23} = R_{31}\frac{R_{20}}{R_{10}} \tag{2.92}$$

und ein Vergleich der Gl. (2.91 b) mit (2.91 c):

$$R_{12} = R_{31}\frac{R_{20}}{R_{30}} \; . \tag{2.93}$$

Auf der rechten Seite der Gl. (2.91 a) ersetzt man R_{23} und R_{12} mit Hilfe der Gln. (2.92) und (2.93):

$$\frac{R_{12}R_{31}}{R_{10}} = R_{31}\frac{R_{20}}{R_{30}} + R_{31}\frac{R_{20}}{R_{10}} + R_{31} \tag{2.94}$$

$$\frac{R_{12}}{R_{10}} = \frac{R_{20}}{R_{30}} + \frac{R_{20}}{R_{10}} + 1$$

$$R_{12} = \frac{R_{10}R_{20}}{R_{30}} + R_{20} + R_{10} \tag{2.95}$$

$$R_{12} = \frac{R_{10}R_{20}+R_{20}R_{30}+R_{30}R_{10}}{R_{30}} \; . \tag{2.96}$$

Wenn also die Sternwiderstände gegeben sind, gilt für die Berechnung der Dreieckswiderstände:

$$\text{Dreieckswiderstand} = \frac{\text{Produkt der Anliegerwiderstände}}{\text{gegenüberliegender Widerstand}} + \text{Summe der Anliegerwiderstände.}$$

Verwendet man in Gl. (2.96) statt der Widerstandswerte die Leitwerte, so wird

$$\frac{1}{G_{12}} = G_{30}\left[\frac{1}{G_{10}G_{20}} + \frac{1}{G_{20}G_{30}} + \frac{1}{G_{30}G_{10}}\right] = \frac{G_{10}+G_{20}+G_{30}}{G_{10}G_{20}}$$

$$\boxed{G_{12} = \frac{G_{10}G_{20}}{G_{10}+G_{20}+G_{30}}} \quad . \tag{2.97a}$$

In entsprechender Weise erhält man

$$\boxed{G_{23} = \frac{G_{20}G_{30}}{G_{10}+G_{20}+G_{30}}} \tag{2.97b}$$

und

$$\boxed{G_{31} = \frac{G_{30}G_{10}}{G_{10}+G_{20}+G_{30}}} \quad . \tag{2.97c}$$

Die Formeln (2.97b) und (2.97c) lassen sich auch direkt aus (2.97a) durch zyklische Vertauschung der Indizes 1, 2, 3 herleiten; dies ist wegen der Struktur-Symmetrie des Widerstandsdreiecks und -sterns zulässig. (Struktur-Symmetrie: bei Drehung des Dreiecks oder des Sterns in Bild 2.71 um $2\pi/3$ kommt wieder jeweils die gleiche Schaltungsstruktur zustande.)
Ein Vergleich der Formeln (2.90) für die Sternwiderstände mit den Formeln (2.97) für die Dreecksleitwerte zeigt, daß die Transformationen

$$\curlywedge \to \triangle \quad \text{und} \quad \triangle \to \curlywedge$$

analogen Gesetzen unterliegen.
Die Ergebnisse (2.97) bedeuten folgendes. Wenn die Sternleitwerte gegeben sind, gilt für die Berechnung der Dreiecksleitwerte:

$$\text{Dreiecksleitwert} = \frac{\text{Produkt der Anliegerleitwerte}}{\text{Knotenleitwert}} \quad .$$

2.7.3   Vor- und Nachteile der Netzumwandlung

Ersetzt man einen Stern durch ein Dreieck (oder umgekehrt), so ergeben sich **in speziellen Fällen** einfachere Netze. Wie sich grundsätzlich eine Netzumwandlung auswirkt, zeigt Bild 2.72.

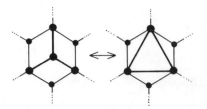

Bild 2.72.   Netzumwandlung

Das linke Teilnetz geht in das rechte über, wenn man den (dick eingezeichneten) Innenstern in ein Dreieck umwandelt. Das linke Teilnetz hat 3 Maschen und 7 Knoten. Durch Umwandlung des Sternes in ein Dreieck wird die Zahl der Maschen auf 4 vergrößert, die Zahl der Knoten auf 6 vermindert. Die Verwandlung eines Dreiecks in einen Stern ist vor allem dann zweckmäßig, wenn das Netz nach Verminderung der Maschenzahl leichter untersucht werden kann (Bild 2.73). Einen Nachteil der Umwandlung muß man allerdings in Kauf nehmen: im transformierten

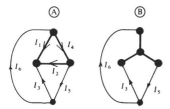

Bild 2.73. Dreieck-Stern-Transformation eines einfachen Netzes (Reduktion von 3 auf 2 Maschen)

Netz treten die Ströme I_1, I_2 und I_4 nicht mehr auf. Insofern würde also eine vollständige Analyse des Netzes A auf dem Umweg über das Netz B nicht unmittelbar möglich sein.

Beispiel 2.25

Berechnung des Eingangs-Widerstandes einer Brückenschaltung
In Bild 2.74 wird eine Brücke dargestellt, deren Eingangs-Widerstand R_{ab} berechnet werden soll.

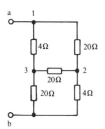

Bild 2.74. Unabgeglichene Brücke

Lösung:
R_{ab} läßt sich nicht einfach auf Parallel- und Reihenschaltungen von Widerständen oder Widerstandsgruppen zurückführen (vgl. Abschnitt 2.2.5). Man kann aber eines der beiden in der Schaltung enthaltenen Widerstands-Dreiecke (1;2;3) in einen Stern umwandeln (Bild 2.75) und erhält so eine reine Gruppenschaltung. Die Sternwiderstände können mit den Gln. (2.90) berechnet werden:

$$R_{10} = \frac{20 \cdot 4}{20 + 20 + 4} \Omega = \frac{80}{44} \Omega = \frac{20}{11} \Omega$$

$$R_{20} = \frac{20 \cdot 20}{44} \Omega = \frac{100}{11} \Omega$$

$$R_{30} = \frac{20 \cdot 4}{44} \Omega = \frac{20}{11} \Omega.$$

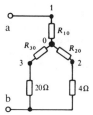

Bild 2.75.   Brückenschaltung nach Dreieck-Stern-Transformation

Die vier unteren Widerstände in Bild 2.75 lassen sich wie folgt zusammenfassen:

$$R_{b0} = \frac{\left(\dfrac{20}{11} + 20\right)\left(\dfrac{100}{11} + 4\right)}{\dfrac{20}{11} + 20 + \dfrac{100}{11} + 4}\,\Omega = \frac{240 \cdot 144}{11 \cdot 384}\,\Omega = \frac{90}{11}\,\Omega\,.$$

Als Gesamtwiderstand zwischen den Klemmen a, b ergibt sich damit

$$R_{ab} = R_{b0} + R_{10} \tag{2.98}$$

$$R_{ab} = \frac{90}{11}\,\Omega + \frac{20}{11}\,\Omega = \underline{\underline{10\,\Omega}}\,.$$

2.8   Umlauf- und Knotenanalyse linearer Netze

2.8.1   Die Bestimmungsgleichungen für die Ströme und Spannungen in einem Netz; lineare Abhängigkeit

Wenn in einem linearen Netz sämtliche Widerstände und Quellenspannungen bekannt sind, so können der Strom in jedem Zweig und die Spannung an jedem Zweig berechnet werden. Hierzu genügen das Ohmsche Gesetz und die beiden Kirchhoffschen Gleichungen. Das Ohmsche Gesetz läßt sich auf jeden Widerstand anwenden, die erste Kirchhoffsche Gleichung auf jeden

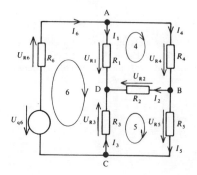

Bild 2.76.   Netz mit drei Maschen und einer Spannungsquelle

Knoten und die zweite Kirchhoffsche auf jeden Umlauf. Umläufe, die im Innern keine Zweige enthalten, nennt man gern **Maschen.** Die Schaltung in Bild 2.76 hat 3 Maschen (4; 5; 6). Am Beispiel dieses dreimaschigen Netzes sollen alle möglichen Gleichungen untersucht werden, die aus der Anwendung des Ohmschen Gesetzes und der Kirchhoffschen Regeln folgen.

Das Ohmsche Gesetz kann für alle 6 Widerstände angegeben werden; das liefert sechs Gleichungen:

$$U_{R1} = R_1 I_1 \qquad\qquad (2.100\,a)$$
$$\vdots \qquad\qquad\qquad\qquad \vdots$$
$$U_{R6} = R_6 I_6 \,. \qquad\qquad (2.100\,f)$$

Die erste Kirchhoffsche Gleichung (Knotengleichung) kann auf die Knoten A, B, C und D angewendet werden:

$$\text{Knoten A:} \quad I_1 = -I_4 + I_6 \qquad\qquad (2.101\,a)$$
$$\text{Knoten B:} \quad I_2 = I_4 - I_5 \qquad\qquad (2.101\,b)$$
$$\text{Knoten C:} \quad I_3 = I_5 - I_6 \qquad\qquad (2.101\,c)$$

$$\text{Knoten D:} \quad I_1 + I_2 + I_3 = 0 \,. \qquad\qquad (2.101\,d)$$

Die erste Kirchhoffsche Gleichung kann aber auch für größere Teile des Netzes (Großknoten) angeschrieben werden. Z. B. ergibt sich für den Großknoten, der die Knoten A und B enthält (Bild (2.77):

$$\text{A, B:} \quad I_1 + I_2 = I_6 - I_5 \,. \qquad\qquad (2.101\,e)$$

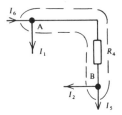

Bild 2.77. Großknoten in dem Netz aus Bild 2.76

Entsprechend folgt:

$$\text{A, C:} \quad I_1 + I_3 = I_5 - I_4 \qquad\qquad (2.101\,f)$$
$$\text{A, D:} \quad I_2 + I_3 = I_4 - I_6 \qquad\qquad (2.101\,g)$$
$$\text{B, C:} \quad I_2 + I_3 = I_4 - I_6 \qquad\qquad (2.101\,g)$$
$$\text{B, D:} \quad I_1 + I_3 = I_5 - I_4 \qquad\qquad (2.101\,f)$$
$$\text{C, D:} \quad I_1 + I_2 = I_6 - I_5 \qquad\qquad (2.101\,e)$$
$$\text{A, B, C:} \quad I_1 + I_2 + I_3 = 0 \qquad\qquad (2.101\,d)$$

usw.

Beim Aufstellen dieser Gleichungen zeigt sich, daß aus den 3 Gln. (2.101a, b, c) alle folgenden hergeleitet werden können. Gl. (101d) entsteht z. B. aus der Addition der drei ersten Gleichungen. Gl. (101e) entsteht aus der Addition der beiden ersten Gleichungen, usw.

Gleichungen, die sich auf andere (lineare) Gleichungen zurückführen lassen, nennt man **linear abhängig**; sie sind beim Aufstellen der Bestimmungsgleichungen für die Spannungen und Ströme überflüssig. Daher muß bei der Auswahl der Gleichungen auf lineare Unabhängigkeit geachtet werden.

Im übrigen läßt sich zeigen, daß ganz allgemein folgendes gilt:

> In einem Netz mit k Knoten können $(k-1)$ linear unabhängige Knotengleichungen aufgestellt werden.

Die zweite Kirchhoffsche Gleichung (Umlaufgleichung) kann auf die Umläufe (Maschen) 4, 5 und 6 (Bild 2.76) angewendet werden:

Masche 4: $-U_{R1} + U_{R2} + U_{R4} = 0$ $\qquad\qquad$ (2.102a)

Masche 5: $-U_{R2} + U_{R3} + U_{R5} = 0$ $\qquad\qquad$ (2.102b)

Masche 6: $U_{R1} - U_{R3} + U_{R6} = U_{q6}$. $\qquad\qquad$ (2.102c)

Die zweite Kirchhoffsche Gleichung kann aber auch für weitere Umläufe angegeben werden, z. B. für den Umlauf $A-B-C-D-A$ in Bild 2.76:

$$-U_{R1} + U_{R3} + U_{R4} + U_{R5} = 0 .$$
$\qquad\qquad$ (2.102d)

Diese Gleichung und die drei übrigen Umlaufgleichungen (für $A-B-D-C-A$, $A-D-B-C-A$, $A-B-C-A$) können aber durch Addition aus den Gln. (2.102a, b, c) gewonnen werden, sind von diesen also linear abhängig; z. B. entsteht Gl. (2.102d) einfach aus der Addition der beiden Gln. (2.102a, b).
Diese Überlegungen lassen sich verallgemeinern:

> In einem Netz mit m Maschen können m linear unabhängige Umlaufgleichungen aufgestellt werden.

Für die 6 unbekannten Ströme und 6 unbekannten Spannungen des betrachteten dreimaschigen Netzes existieren tatsächlich 12 linear unabhängige Gleichungen, nämlich

Gl. (2.100a) bis (2.100f)

Gl. (2.101a) bis (2.101c)

Gl. (2.102a) bis (2.102c),

aus denen die 12 Unbekannten bestimmt werden können. Wenn sämtliche Zweigströme berechnet werden sollen, drücken wir zunächst in den Gln. (2.102a) bis (2.102c) mit Hilfe der Gln. (2.100a) bis (2.100f) die Spannungen $U_{R1} \ldots U_{R6}$ durch die Ströme $I_1 \ldots I_6$ aus:

$$-R_1 I_1 + R_2 I_2 + R_4 I_4 = 0$$
$\qquad\qquad$ (2.103a)

$$-R_2 I_2 + R_3 I_3 + R_5 I_5 = 0$$
$\qquad\qquad$ (2.103b)

$$R_1 I_1 - R_3 I_3 + R_6 I_6 = U_{q6} .$$
$\qquad\qquad$ (2.103c)

In diesen drei Gleichungen kann man die Ströme I_1, I_2, I_3 mit Hilfe der drei Knotengleichungen (2.101a, b, c) eliminieren:

$$-R_1(-I_4+I_6)+R_2(I_4-I_5)+R_4I_4=0$$
$$-R_2(I_4-I_5)\quad+R_3(I_5-I_6)+R_5I_5=0$$
$$R_1(-I_4+I_6)-R_3(I_5-I_6)+R_6I_6=U_{q6}.$$

Ordnet man diese drei Gleichungen nach den drei Unbekannten I_4, I_5, I_6, so entsteht folgendes Gleichungs-System:

④ $(R_1+R_2+R_4)I_4 \qquad -R_2\,I_5 \qquad -R_1\,I_6=0$ $\qquad\qquad$ (2.104a)

⑤ $\qquad -R_2\,I_4+(R_2+R_3+R_5)I_5 \qquad -R_3\,I_6=0$ $\qquad\qquad$ (2.104b)

⑥ $\qquad -R_1\,I_4 \qquad -R_3\,I_5+(R_1+R_3+R_6)I_6=U_{q6}.$ $\qquad$ (2.104c)

Die Untersuchung eines linearen Netzes mit drei Maschen führt also zu dem linearen Gleichungs-System (2.104) für drei Unbekannte (Ströme), das nun nur noch aufgelöst werden muß.

Beispiel 2.26

Berechnung der Ströme in einem dreimaschigen Netz mit einer Spannungsquelle
In Bild 2.76 wird ein lineares Netz mit sechs ohmschen Widerständen und einer konstanten Quellenspannung dargestellt. Es gelten folgende Zahlenwerte:

$R_1=3\,\Omega;\quad R_2=1\,\Omega;\quad R_3=2\,\Omega;\quad R_4=1\,\Omega;\quad R_5=5\,\Omega;\quad R_6=1\,\Omega$

$U_{q6}=10\,\text{V}.$

Gesucht sind sämtliche Ströme.

Lösung:
Mit den gegebenen Zahlenwerten lautet das Gleichungs-System (2.104a, b, c):

$$5\,\Omega\cdot I_4-1\,\Omega\cdot I_5-3\,\Omega\cdot I_6=\ 0$$
$$-1\,\Omega\cdot I_4+8\,\Omega\cdot I_5-2\,\Omega\cdot I_6=\ 0$$
$$-3\,\Omega\cdot I_4-2\,\Omega\cdot I_5+6\,\Omega\cdot I_6=10\,\text{V}.$$

Kürzt man alle drei Gleichungen durch die Einheit Ω, so entsteht

$$5I_4-\ I_5-3I_6=\ 0 \qquad\qquad (2.105a)$$
$$-\ I_4+8I_5-2I_6=\ 0 \qquad\qquad (2.105b)$$
$$-3I_4-2I_5+6I_6=10\,\text{A}. \qquad\qquad (2.105c)$$

Zunächst eliminieren wir I_5. Dazu wird Gl. (2.105a) mit 8 multipliziert und zu Gl. (2.105b) addiert:

$$40I_4-8I_5-24I_6=0$$
$$-I_4+8I_5-\ 2I_6=0$$
$$\overline{}$$
$$39I_4\qquad\quad -26I_6=0. \qquad\qquad (2.106a)$$

Dann wird Gl. (2.105 c) mit 4 multipliziert und zu Gl. (2.105 b) addiert:

$$-12 I_4 - 8 I_5 + 24 I_6 = 40\,\text{A}$$
$$-\quad I_4 + 8 I_5 - 2 I_6 = 0$$
$$\overline{\qquad\qquad\qquad\qquad}$$
$$-13 I_4 \qquad + 22 I_6 = 40\,\text{A}\,. \tag{2.106 b}$$

Die beiden Gln. (2.106) bilden nun ein Gleichungs-System mit den beiden Unbekannten I_4 und I_6. Um in diesem System I_4 zu eliminieren, multiplizieren wir Gl. (2.106 b) mit 3 und addieren Gl. (2.106 a):

$$-39 I_4 + 66 I_6 = 120\,\text{A}$$
$$39 I_4 - 26 I_6 = 0$$
$$\overline{\qquad\qquad\qquad\qquad}$$
$$40 I_6 = 120\,\text{A}\,; \quad \underline{\underline{I_6 = 3\,\text{A}}}\,.$$

Setzt man dieses Ergebnis in Gl. (2.106 a) ein, so folgt

$$39 I_4 \qquad = 26 \cdot 3\,\text{A}\,; \quad \underline{\underline{I_4 = 2\,\text{A}}}\,.$$

Mit den Werten von I_4 und I_6 erhält man aus Gl. (2.105 a):

$$I_5 = 5 I_4 - 3 I_6 = 10\,\text{A} - 9\,\text{A} = \underline{\underline{1\,\text{A}}}\,.$$

Die übrigen drei Ströme ergeben sich durch Einsetzen dieser drei Ergebnisse in die Knotengleichungen (2.101 a, b, c):

$$I_1 = -I_4 + I_6 = -2\,\text{A} + 3\,\text{A} = \underline{\underline{1\,\text{A}}}$$

$$I_2 = \quad I_4 - I_5 = \quad 2\,\text{A} - 1\,\text{A} = \underline{\underline{1\,\text{A}}}$$

$$I_3 = \quad I_5 - I_6 = \quad 1\,\text{A} - 3\,\text{A} = \underline{\underline{-2\,\text{A}}}\,.$$

Der hier gewählte Weg zur Auflösung des linearen Gleichungs-Systems (2.105) ist selbstverständlich nur einer von mehreren möglichen.

An der Herleitung des Gleichungs-Systems (2.104) wird deutlich, welcher Aufwand getrieben werden muß, um mit Hilfe der Kirchhoffschen Gleichungen und des Ohmschen Gesetzes die Ströme und Spannungen in einem Netz zu berechnen. Dieser Aufwand läßt sich wesentlich reduzieren durch zwei Verfahren, bei denen die Probleme der Gleichungsauswahl und zweckmäßigen Elimination vermindert werden und die Anzahl der Unbekannten von vornherein minimiert wird. Diese Verfahren werden in den folgenden Abschnitten dargestellt.

2.8.2 Topologische Grundbegriffe beliebiger Netze

Wir betrachten als Beispiel eines Netzes die in Bild 2.76 dargestellte Schaltung. Stellt man die 6 Zweige dieses Netzes nur durch einfache Linien dar, so entsteht sein Graph (Bild 2.78). Man nennt das Netz wegen seiner 4 Knoten ein Viereck; da alle möglichen Verbindungen zwischen den Knoten vorhanden sind, ist es ein **vollständiges Viereck.** (Entsprechend spricht man auch von Fünfecken, vollständigen Fünfecken usw.) Jeder Zweig trägt einen Richtungspfeil, durch den die Zählpfeile der **Zweigspannung** und des **Zweigstromes** (willkürlich) festgelegt werden, vgl.

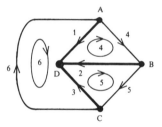

Bild 2.78. Struktur eines Netzes (Graph) mit 4 Knoten und 3 Maschen

Bild 2.79. Jede Zweigspannung kann sich aus einem ohmschen Spannungsabfall und einer Quellenspannung zusammensetzen, wie z. B. in Zweig 6 des Bildes 2.76:

$$U_6 = -U_{q6} + U_{R6} \ . \tag{2.107}$$

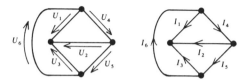

Bild 2.79. Festlegung der *U*- und *I*-Zählpfeile durch die in Bild 2.78 gewählten Zweigrichtungen

Einen Linienkomplex, in dem kein geschlossener Umlauf enthalten ist, nennt man **Baum.** Beispiele für Bäume in dem Netz aus Bild 2.78 zeigt Bild 2.80. Als **vollständig** bezeichnet man einen Baum, der alle Knoten miteinander verbindet (z. B. 1, 2, 3; vgl. Bild 2.78). In einem Netz mit k Knoten hat also ein vollständiger Baum

$$b = (k-1)$$

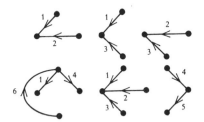

Bild 2.80. Beispiele für Bäume im vollständigen Viereck

Zweige. Die Zweige eines vollständigen Baumes nennt man auch die **Baumzweige,** die übrigen Zweige die **Verbindungszweige** (z. B. 4, 5, 6). Ein Netz mit k Knoten und z Zweigen hat allgemein

$$v = z - b = z + 1 - k$$

Verbindungszweige. Die möglichen vollständigen Bäume des vollständigen Vierecks (Bild 2.78) sind in Bild 2.81 zusammengestellt. Ein Netz, dessen Zweige sich in einer Ebene kreuzungsfrei

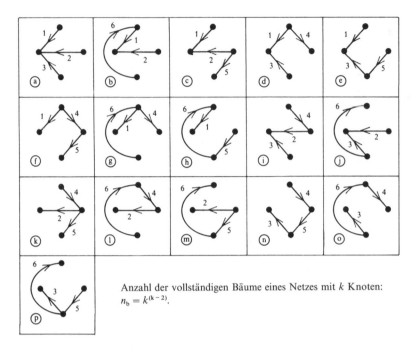

Bild 2.81.   Die möglichen vollständigen Bäume des vollständigen Vierecks (Bild 2.74)

darstellen lassen, nennt man **eben.** Das vollständige Viereck ist ein ebenes Netz. Ein vollständiges Fünfeck dagegen ist schon kein ebenes Netz mehr, siehe Bild 2.82.

Bild 2.82.   Vollständiges Fünfeck

In Bild 2.84 sind die drei Maschen des Netzes aus Bild 2.76 dargestellt.

2.8.3 Umlaufanalyse

2.8.3.1 Unabhängige und abhängige Ströme; Maschenströme

Wir betrachten wieder das in Bild 2.78 dargestellte Netz und bilden den vollständigen Baum aus den Zweigen 1, 2, 3. Man könnte nun in jedem Verbindungszweig (4, 5, 6) einen beliebigen Stromwert vorschreiben. Dies ist in Bild 2.83 durch ideale Stromquellen (d. h. Ersatzstrom-

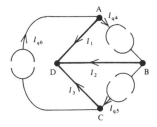

Bild 2.83. Unabhängige Ströme in den Verbindungszweigen

quellen ohne inneren Leitwert) dargestellt. Unmöglich wäre es dagegen, zugleich in 4 Zweigen Ströme beliebig vorzugeben, weil sonst in einem Knoten die Knotengleichung nicht erfüllt werden könnte. Es wäre auch unmöglich, die Ströme in den drei Zweigen 1, 2, 3 zugleich vorzuschreiben, denn in der Gleichung

$$I_1 + I_2 + I_3 = 0 \qquad\qquad (2.101\,\text{d})$$

können höchstens zwei der drei Ströme unabhängig voneinander vorgegeben werden. Da man in jedem Verbindungszweig einen Strom willkürlich festsetzen kann, sieht man die Ströme in Verbindungszweigen als voneinander unabhängig an und bezeichnet sie deshalb als **unabhängige Ströme.** Im Gegensatz dazu sind die Ströme in den Baumzweigen die **abhängigen Ströme.**

Die unabhängigen Ströme kann man auch **Umlaufströme** nennen oder – wenn die Umläufe mit den Maschen des Netzes identisch sind – Maschenströme. Wir stellen uns z. B. vor, daß die unabhängigen Ströme I_4, I_5 und I_6 (Bilder 2.78 und 2.79) als Maschenströme nur jeweils die zugehörige Masche durchfließen, wie es in Bild 2.84 dargestellt ist. Die Ströme in den Baumzweigen entstehen dann aus einer Überlagerung der Maschenströme (Kreisströme), die durch

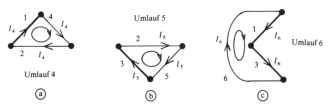

Bild 2.84. Maschen und Maschenströme des Netzes 2.78

den betreffenden Baumzweig fließen. Zum Beispiel fließen durch Baumzweig 1 der Maschenstrom I_4 (entgegen der Zählrichtung dieses Zweiges, vgl. Bild 2.78) und der Maschenstrom I_6 (in der Zählrichtung dieses Zweiges), es gilt also

$$I_1 = -I_4 + I_6 ; \qquad\qquad (2.101a)$$

dies ist nichts anderes als die Stromgleichung für den Knoten A.

2.8.3.2   Das Schema zur Aufstellung der Umlaufgleichungen

Drückt man in dem System der Umlaufgleichungen (2.102a, b, c) zunächst die ohmschen Spannungsabfälle U_{R1}, U_{R2} usw. durch die Ströme I_1, I_2 usw. aus, so enthält man ein Gleichungs-System mit 3 Gleichungen für die 6 Ströme $I_1 \ldots I_6$. In diesem System lassen sich die abhängigen Ströme (I_1, I_2, I_3) durch die unabhängigen ersetzen (I_4, I_5, I_6), und zwar mit Hilfe der Knotengleichungen (2.101a, b, c). Hierbei entstehen – wie in Abschnitt 2.8.1 dargestellt – die Gln. (2.104a, b, c), **die sich folgendermaßen deuten lassen.** Wir betrachten als Beispiel die Gl. (2.104c):

$$-R_1 I_4 - R_3 I_5 + (R_1 + R_3 + R_6) I_6 = U_{q6} . \qquad\qquad (2.104c)$$

Wenn der Umlaufstrom I_6 nur durch den Umlauf 6 fließt (vgl. Bild 2.84c), verursacht er dort den Spannungsabfall

$$(R_1 + R_3 + R_6) I_6 .$$

In dem Baumzweig 1 des Umlaufs 6 überlagert sich dem Strom I_6 aber noch der Strom I_4 (Bild 2.84a), und zwar in entgegengesetzter Richtung; dadurch kommt im Umlauf 6 der Spannungsabfall

$$-R_1 I_4$$

hinzu. Und im Baumzweig 3 des Umlaufs 6 überlagert sich dem Strom I_6 der Strom I_5 (Bild 2.84b), ebenfalls in entgegengesetzter Richtung; deshalb kommt dort noch der Spannungsabfall

$$-R_3 I_5$$

hinzu. Da im Zweig 6 die Quellenspannung U_{q6} enthalten ist, tritt diese Spannung ebenfalls in der Spannungsgleichung (2.104c) auf, und zwar auf der rechten Seite mit dem Pluszeichen, weil sie dem Umlaufsinn des Umlaufstromes I_6 entgegengerichtet ist. Der Umlaufstrom I_6 findet in seinem Umlauf den Widerstand $R_1 + R_3 + R_6$ vor; man bezeichnet diesen Widerstand

$$R_1 + R_3 + R_6 \quad \text{als \textbf{Umlaufwiderstand}}$$

des Umlaufs 6 (der Umlaufwiderstand kann als Reihenschaltung sämtlicher im Umlauf enthaltenen Widerstände aufgefaßt werden). Der Umlaufstrom I_4 überlagert sich dem Umlaufstrom I_6 nur im Baumwiderstand R_1, daher bezeichnet man

$$R_1 \qquad\qquad \text{als \textbf{Kopplungswiderstand}}$$

der beiden Umläufe 4 und 6. Entsprechend ist der Baumwiderstand

$$R_3 \qquad\qquad \text{der Kopplungswiderstand}$$

der beiden Umläufe 5 und 6.
Die Gl. (2.104c) hätte von vornherein also folgendermaßen aufgestellt werden können:

1. Es wird für die gegebene Schaltung (Bild 2.76) ein vollständiger Baum ausgewählt (z. B. die Zweige 1, 2, 3; vgl. Bild 2.78). In den Verbindungszweigen werden Zählpfeile für die unabhängigen Ströme (I_4, I_5, I_6) eingetragen.

2. Die Gleichung enthält auf der linken Seite als Unbekannte alle unabhängigen Ströme (I_4, I_5, I_6).

3. Hierbei tritt der Umlaufwiderstand ($R_1 + R_3 + R_6$) als Koeffizient beim Umlaufstrom (I_6) des betrachteten Umlaufs (6) auf.

4. Die Koeffizienten für die anderen Umlaufströme (I_4, I_5) sind die Kopplungswiderstände (R_1, R_3). Ihr Vorzeichen ist positiv, wenn die Umlaufströme, die der Kopplungswiderstand miteinander verknüpft, im Kopplungswiderstand gleiche Zählrichtung haben, und andernfalls negativ.

5. Auf der rechten Seite erscheint die Summe aller Quellenspannungen des Umlaufs (U_{q6}). Jede Quellenspannung erhält hierbei ein Minuszeichen, wenn ihr Zählpfeil mit der Umlaufrichtung des Umlaufstromes übereinstimmt, andernfalls ein Pluszeichen.

Nach diesen Regeln erhält man leicht das ganze Gleichungs-System (2.104) für die drei Umlaufströme unmittelbar, d. h. ohne zuvor die Systeme (2.100), (2.101), (2.102) und (2.103) aufstellen und bearbeiten zu müssen. Das System (2.104) stellen wir noch übersichtlicher dar:

$$\text{(2.104)}$$

I_4	I_5	I_6	
$R_1 + R_2 + R_4$	$-R_2$	$-R_1$	0
$-R_2$	$R_2 + R_3 + R_5$	$-R_3$	0
$-R_1$	$-R_3$	$R_1 + R_3 + R_6$	U_{q6}

Das aus den 3 Umlauf- und 6 Kopplungswiderständen gebildete Koeffizientenschema nennt man **Widerstandsmatrix.** Bei ihr fällt auf, daß die Hauptdiagonale die drei Umlaufwiderstände enthält und daß die Kopplungswiderstände symmetrisch zur Hauptdiagonalen liegen. Hierbei wird vorausgesetzt, daß die Reihenfolge der Umlaufgleichungen (2.104) für die Umläufe 4, 5 und 6 (vgl. Bild 2.78) der Reihenfolge der drei Unbekannten (I_4, I_5, I_6) entspricht. Das Verfahren zur unmittelbaren Aufstellung der Widerstandsmatrix nennt man **Umlaufanalyse.**

Beispiel 2.27

Analyse eines zweimaschigen Netzes mit einer Spannungsquelle
Gegeben sind die Quellenspannung U_q und die vier ohmschen Widerstände in einem zweimaschigen Netz (Bild 2.85). Gesucht ist die Spannung U_4 für folgenden Sonderfall: $R_1 = R_3$ und $R_2 = R_4$.

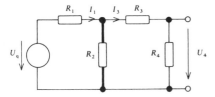

Bild 2.85. Zweimaschiges Netz mit einer Spannungsquelle

Lösung:

Wenn der Zweig mit R_2 zum vollständigen Baum gemacht wird, werden I_1 und I_3 zu unabhängigen Strömen, für die sich nach den Regeln der Umlaufanalyse folgendes Gleichungs-System ergibt:

I_1	I_3	
$R_1 + R_2$	$-R_2$	U_q
$-R_2$	$R_2 + R_3 + R_4$	0

Wegen $R_1 = R_3$ und $R_2 = R_4$ folgt hieraus:

I_1	I_3	
$R_1 + R_2$	$-R_2$	U_q
$-R_2$	$R_1 + 2 R_2$	0

Zur Elimination von I_1 wird die obere Gleichung mit R_2, die untere mit $(R_1 + R_2)$ multipliziert, und dann werden beide Gleichungen addiert. Damit wird

$$I_3 (R_1^2 + 3 R_1 R_2 + R_2^2) = R_2 U_q$$

und

$$U_4 = I_3 R_4 = I_3 R_2 = \frac{R_2^2}{R_1^2 + 3 R_1 R_2 + R_2^2} U_q .$$

Beispiel 2.28

Berechnung eines Stromes in einem Netz mit zwei Stromquellen

Aufgabenstellung wie in Beispiel 2.24.

Lösung:

Wenn man diese Aufgabe mit Hilfe der Umlaufanalyse zu lösen sucht, so fällt zunächst auf, daß in dem Schema zur Aufstellung der Widerstandsmatrix von Stromquellen keine Rede ist. Um dem Schema gerecht zu werden, kann man die Stromquellen durch äquivalente Spannungsquellen ersetzen. Man kann aber auch einfach folgendermaßen vorgehen: die Stromquellen werden in Verbindungszweige gelegt, und bei der Aufstellung des Gleichungs-Systems für die unabhängigen Ströme werden die Quellen-ströme (I_B, I_C) ebenso behandelt wie andere unabhängige Ströme auch. Wir wählen die in Bild 2.68 dick eingezeichneten Zweige als vollständigen Baum und erhalten nach den Regeln der Umlaufanalyse ein Gleichungs-System für die vier unabhängigen Ströme I_1, I_3, I_B, I_C:

I_1	I_3	I_B	I_C			
$8R$	R	$-2R$	$-R$	0	(Masche 1)	(2.108 a)
R	$5R$	$-R$	$-2R$	0	(Masche 3)	(2.108 b)
$-2R$	$-R$	$2R$	R	U_B		(2.108 c)
$-R$	$-2R$	R	$2R$	U_C		(2.108 d)

Dieses Gleichungs-System enthält die Unbekannten

$$I_1, I_3; \quad U_B, U_C .$$

Um I_1 und I_3 zu berechnen, brauchen wir nur die Gln. (2.108 a) und (2.108 b) zu nehmen: sie bilden ein System zweier Gleichungen für nur zwei Unbekannte (I_1, I_3). Weil die Quellenströme I_B und I_C keine Unbekannten sind, ziehen wir sie auf die rechten Gleichungsseiten:

I_1	I_3	
$8R$	R	$R(2I_B+I_C)$
R	$5R$	$R(I_B+2I_C)$

$(2.108\,a)$
$(2.108\,b)$

Diese Gleichungen werden durch R dividiert:

$$8I_1+\ I_3=2I_B+\ I_C$$
$$I_1+5I_3=\ \ I_B+2I_C.$$

Zur Elimination von I_3 wird die obere Gleichung mit (-5) multipliziert und zur unteren addiert:

$$-40I_1-5I_3\qquad =-10I_B-5I_C$$
$$\underline{\quad\ I_1+5I_3\qquad =\qquad I_B+2I_C\quad}$$

$$-39I_1\qquad\quad =-\ 9I_B-3I_C$$

$$13I_1=3I_B+I_C$$

$$I_1=\frac{3I_B+I_C}{13}=\frac{3\cdot 4\,\mathrm{A}+1\,\mathrm{A}}{13}=1\,\mathrm{A}.$$

Beispiel 2.29

Analyse eines symmetrischen dreimaschigen Netzes
Für den Klemmenwiderstand

$$R_{ab}=\frac{U_q}{I}$$

einer Brückenschaltung (Bild 2.87) soll gelten

$$R_{ab}=10\,\Omega.$$

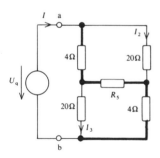

Bild 2.87.   Unabgeglichene Brücke

Wie groß muß R_5 sein, damit diese Forderung erfüllt wird?

Lösung:
Wenn der mittlere Zweig (mit R_5) aufgetrennt wird, ist $R_{ab}=12\,\Omega$. Wenn $R_5=0$ wird, dann ist $R_{AB}=(6+\frac{2}{3})\,\Omega$. Es muß also möglich sein, durch richtige Wahl von R_5 die Bedingung $R_{ab}=10\,\Omega$ zu erfüllen. Zur Analyse des Netzes wird der vollständige Baum so gelegt, daß I, I_2 und I_3 zu unabhängigen Strömen werden:

I	I_2	I_3	
$8\,\Omega + R_5$	$-(4\,\Omega + R_5)$	$-(4\,\Omega + R_5)$	U_q
$-(4\,\Omega + R_5)$	$24\,\Omega + R_5$	R_5	0
$-(4\,\Omega + R_5)$	R_5	$24\,\Omega + R_5$	0

Vertauscht man hierin die Ströme I_2 und I_3 miteinander, so entsteht wieder das gleiche Gleichungs-System (wobei zugleich die 2. und 3. Gleichung miteinander ausgetauscht werden), d.h. es gilt

$$I_2 = I_3.$$

Damit vereinfacht sich das Gleichungs-System wie folgt:

I	I_2	I_2	
$8\,\Omega + R_5$	$-(4\,\Omega + R_5)$	$-(4\,\Omega + R_5)$	U_q
$-(4\,\Omega + R_5)$	$24\,\Omega + R_5$	R_5	0

I	I_2	
$8\,\Omega + R_5$	$-2(4\,\Omega + R_5)$	U_q
$-(4\,\Omega + R_5)$	$2(12\,\Omega + R_5)$	0

Durch Elimination von I_2 ergibt sich:

$$(80\,\Omega^2 + 12\,\Omega \cdot R_5) \cdot I = (12\,\Omega + R_5)\,U_q.$$

Mit $R_{ab} = \dfrac{U_q}{I}$ wird

$$80\,\Omega^2 + 12\,\Omega \cdot R_5 = R_{ab}(12\,\Omega + R_5)$$

$$R_5 = \frac{4\,\Omega(3\,R_{ab} - 20\,\Omega)}{12\,\Omega - R_{ab}} = \frac{4\,\Omega(30 - 20)\,\Omega}{12\,\Omega - 10\,\Omega} = \underline{\underline{20\,\Omega}}.$$

Hierdurch wird das Ergebnis aus Beispiel 2.25 bestätigt (dort ergibt sich mit der gegebenen Größe $R_5 = 20\,\Omega$ der Wert $R_{ab} = 10\,\Omega$).

Beispiel 2.30

Digital-Analog-Umsetzer
Für eine Kettenschaltung mit n Spannungsquellen (Bild 2.88) soll die Spannung U_a berechnet werden.

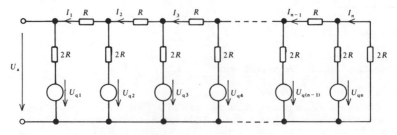

Bild 2.88.   Digital-Analog-Umsetzer

Lösung:

Zunächst wird das Überlagerungsprinzip (vgl. Abschnitt 2.6) herangezogen. Wir berechnen als Beispiel den Stromanteil $I_1^{(4)}$, der von der Quellenspannung U_{q4} herrührt (siehe Bild 2.89). Der Schaltungsteil rechts vom Zweig mit der Quellenspannung U_{q4} (Bild 2.89) kann leicht zusammengefaßt werden (siehe

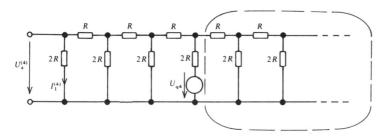

Bild 2.89. Zur Anwendung des Überlagerungsprinzips bei der Berechnung eines Stromes (I_1) in einem Digital-Analog-Umsetzer

Bild 2.90), da die Stromaufteilung in diesem Teil der Schaltung für die Bestimmung von $I_1^{(4)}$ nicht von Interesse ist. Um $I_1^{(4)}$ zu berechnen, wenden wir auf die dargestellte Schaltung (Bild 2.90) die Umlauf-

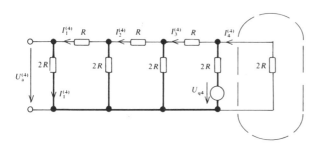

Bild 2.90. Zusammenfassung des rechten Schaltungsteils aus Bild 2.89

analyse an; den vollständigen Baum setzen wir aus den dick eingezeichneten Zweigen (sternförmig) zusammen. Es ergibt sich folgendes Gleichungs-System für die Ströme $I_1^{(4)} \ldots I_4^{(4)}$:

$I_1^{(4)}$	$I_2^{(4)}$	$I_3^{(4)}$	$I_4^{(4)}$		
$5R$	$-2R$	0	0	0	(2.109 a)
$-2R$	$5R$	$-2R$	0	0	(2.109 b)
0	$-2R$	$5R$	$-2R$	U_{q4}	(2.109 c)
0	0	$-2R$	$4R$	$-U_{q4}$	(2.109 d)

Aus Gl. (2.109 d) erhält man

$$I_4^{(4)} = \frac{I_3^{(4)}}{2} - \frac{U_{q4}}{4R}.$$

Dies setzt man in Gl. (2.109 c) ein und eliminiert so $I_4^{(4)}$ aus dem Gleichungs-System (2.109):

$$-2R\,I_2^{(4)} + 5R\,I_3^{(4)} - 2R\left(\frac{I_3^{(4)}}{2} - \frac{U_{q4}}{4R}\right) = U_{q4}$$

$$-2R\,I_2^{(4)} + 4R\,I_3^{(4)} = \frac{1}{2}\,U_{q4}\,.$$

Nach der Elimination von $I_4^{(4)}$ hat das Gleichungs-System nur noch 3 Gleichungen mit 3 Unbekannten:

$I_1^{(4)}$	$I_2^{(4)}$	$I_3^{(4)}$		
$5R$	$-2R$	0	0	(2.109a)
$-2R$	$5R$	$-2R$	0	(2.109b)
0	$-2R$	$4R$	$\frac{1}{2}U_{q4}$	(2.109e)

Man beachte die Ähnlichkeit der beiden letzten Gleichungen dieses Systems mit den beiden letzten Gleichungen des Systems (2.109 a, b, c, d). Nun wird in dem neu gewonnenen Gleichungs-System $I_3^{(4)}$ eliminiert, wobei wir genauso vorgehen wie bei der Elimination von $I_4^{(4)}$ aus System (2.109 a, b, c, d):
Aus Gl. (2.109e) folgt

$$4R\,I_3^{(4)} = 2R\,I_2^{(4)} + \frac{1}{2}\,U_{q4}$$

$$-2R\,I_3^{(4)} = -R\,I_2^{(4)} - \frac{1}{4}\,U_{q4}\,.$$

Dies setzt man in Gl. (2.109b) ein:

$$-2R\,I_1^{(4)} + 5R\,I_2^{(4)} - R\,I_2^{(4)} = \frac{1}{4}\,U_{q4}$$

$$-2R\,I_1^{(4)} + 4R\,I_2^{(4)} = \frac{1}{4}\,U_{q4}\,. \qquad (2.109\mathrm{f})$$

Damit entsteht folgendes Gleichungs-System:

$I_1^{(4)}$	$I_2^{(4)}$		
$5R$	$-2R$	0	(2.109a)
$-2R$	$4R$	$\frac{1}{4}U_{q4}$	(2.109f)

Eliminiert man hierin schließlich noch $I_2^{(4)}$, so ergibt sich

$4R\,I_1^{(4)} = \dfrac{U_{q4}}{8}$	(2.109g)

$$I_1^{(4)} = \frac{1}{32\,R}\,U_{q4} = \frac{1}{2^{(4+1)}\,R}\,U_{q4}\,.$$

Bei den Eliminationen, die schrittweise zu diesem Ergebnis geführt haben, ist deutlich geworden, daß mit jedem Eliminationsschritt die Spannung auf der rechten Seite der jeweils untersten Gleichung halbiert wurde. Um dies deutlich zu machen, fassen wir die Gln. (2.109 d, e, f, g) zu einem System zusammen:

$I_1^{(4)}$	$I_2^{(4)}$	$I_3^{(4)}$	$I_4^{(4)}$		
$4R$	0	0	0	$U_{q4} : 8$	(2.109g)
$-2R$	$4R$	0	0	$U_{q4} : 4$	(2.109f)
0	$-2R$	$4R$	0	$U_{q4} : 2$	(2.109e)
0	0	$-2R$	$4R$	$-U_{q4} : 1$	(2.109d)

Soll beispielsweise der Stromanteil $I_1^{(5)}$ berechnet werden, der von der Quelle U_{q5} (vgl. Bild 2.88) hervorgerufen wird, so ergibt sich ein Eliminationsschritt mehr, da das Gleichungs-System in diesem Fall zunächst 5 Gleichungen enthält:

$$I_1^{(5)} = \frac{1}{64\,R}\,U_{q5} = \frac{1}{2^{(5+1)}\,R}\,U_{q5} \,.$$

Allgemein ist

$$I_1^{(v)} = \frac{1}{2^{(v+1)}\,R}\,U_{qv} \quad (v=2,3,\dots,n)\,.$$

Für die von den einzelnen Quellen verursachten Anteile an der Spannung

$$U_a = 2\,R\,I_1 + U_{q1}$$

gilt daher

$$U_a^{(v)} = \frac{U_{qv}}{2^v} \quad (v=2,3,\dots,n)\,.$$

Speziell für $v=1$ ist

$$U_a^{(1)} = -2\,R\,\frac{U_{q1}}{4\,R} + U_{q1} = \frac{U_{q1}}{2}\,.$$

Also wird für alle v:

$$\boxed{U_a^{(v)} = \frac{U_{qv}}{2^v}} \quad (v=1,2,\dots,n)\,.$$

Aus dem Überlagerungssatz folgt dann

$$U_a = U_a^{(1)} + U_a^{(2)} + \dots + U_a^{(n-1)} + U_a^{(n)} = \sum_{v=1}^{n} U_a^{(v)}$$

und demnach

$$\boxed{U_a = \sum_{v=1}^{n} \frac{U_{qv}}{2^v}}\,.$$

Der Einfluß jeder Quellenspannung $U_{q(v+1)}$ auf die Spannung U_a ist also gerade halb so groß wie der Einfluß der vorangehenden Quellenspannung U_{qv}.

Anmerkung
Wenn nun die Spannungen U_{q1}, U_{q2} usw. entweder den Wert 0 V oder U annehmen können, so kann die Folge der Werte

$$\frac{U_{q1}}{U}, \frac{U_{q2}}{U}, \quad \text{usw.}$$

als Dualzahl gedeutet werden. Hierbei hat U_{q1}/U den höchsten Stellenwert, U_{q2}/U den zweithöchsten, usw. Beispielsweise gilt für $n=3$ und $U=8$ V folgende Abhängigkeit der Spannung U_a von den Quellenspannungen U_{q1}, U_{q2}, U_{q3}:

U_{q1}/U	U_{q2}/U	U_{q3}/U	U_a/V
0	0	0	0
0	0	1	1
0	1	0	2
0	1	1	3
1	0	0	4
1	0	1	5
1	1	0	6
1	1	1	7

Man bezeichnet U_a als den Analogwert, der der mehrstelligen Dualzahl entspricht, die sich aus den Werten der Quellenspannungen U_{q1}, U_{q2}, U_{q3} zusammensetzt. Die untersuchte Kettenschaltung (Bild 2.88) nennt man daher einen Digital-Analog-Umsetzer.

2.8.3.3 Die Auswahl des vollständigen Baumes

Grundsätzlich kann ein vollständiger Baum für die hier beschriebene Umlaufanalyse beliebig ausgewählt werden. Zum Beispiel kann man für das dreimaschige Netz, das in Bild 2.76 dargestellt ist, irgendeinen von den 16 möglichen vollständigen Bäumen nehmen. Trotzdem gibt es Gesichtspunkte, die zur Bevorzugung eines bestimmten Baumes führen können:
1. Der vollständige Baum sollte so liegen, daß die entstehenden Umläufe möglichst einfach werden. (Zum Beispiel führt der Baum a aus Bild 2.81 zu Umläufen, die mit den Maschen des Netzes identisch sind. Der Baum c dagegen – in Beispiel 2.29 verwendet – führt zu einem unübersichtlicheren Umlauf für den Umlaufstrom I_6).
   Wenn möglichst einfache Umläufe ausgewählt werden, treten zwischen den einzelnen Umläufen unter Umständen auch besonders wenige Kopplungen auf. D.h. es entstehen Paare von Umläufen, die nicht miteinander gekoppelt sind (Kopplungswiderstand gleich Null), vgl. Gleichungs-System (2.109 a–d). Wählt man im Beispiel 2.30 den Baum sternförmig (Bilder 2.91 a und 2.90), so treten in diesem Gleichungs-System nur 3 Kopplungswiderstände auf, nämlich zwischen den jeweils benachbarten Maschen. Nimmt man dagegen den Baum, der in Bild 2.91 b dargestellt ist, so sind über den Zweig 1 offensichtlich **alle** unabhängigen Ströme miteinander gekoppelt. In der Widerstandsmatrix ergeben sich nun keine Nullen.

 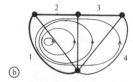

Bild 2.91.   Zwei vollständige Bäume für eine viermaschige Kettenschaltung (Bild 2.90)

2. Vorgegebene Ströme (Quellenströme) sollten als unabhängige Ströme von vornherein in Verbindungszweigen bleiben (vgl. Beispiel 2.28).
3. Wenn nicht alle Ströme gesucht sind, sollte man den vollständigen Baum so legen, daß die gesuchten Ströme in Verbindungszweigen fließen (vgl. Beispiele 2.27; 2.28).
4. Spannungsquellen sollten in Verbindungszweige gelegt werden. Sie treten dann im Gleichungs-System nur einmal auf (vgl. Beispiele 2.27; 2.29).

5. Der Baum sollte einer möglicherweise vorhandenen Schaltungssymmetrie gerecht werden (vgl. Beispiel 2.29).

Im allgemeinen können diese Gesichtspunkte nicht alle gleichzeitig berücksichtigt werden.

2.8.4 Knotenanalyse

2.8.4.1 Abhängige und unabhängige Spannungen

Wir betrachten wieder das in Bild 2.76 dargestellte Netz und bilden den vollständigen Baum aus den Zweigen 1, 2, 3. Man könnte nun in jedem Baumzweig eine beliebige Spannung vorschreiben. Dies ist in Bild 2.92 durch ideale Spannungsquellen (d.h. Spannungsquellen ohne

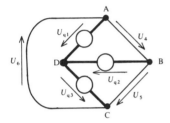

Bild 2.92.   Unabhängige Spannungen in den Baumzweigen

inneren Widerstand) dargestellt. Unmöglich wäre es dagegen, zugleich in 4 Zweigen Spannungen beliebig vorzuschreiben, weil sonst in einem Umlauf die Umlaufgleichung nicht erfüllt werden könnte. Es wäre auch unmöglich, die Spannungen an den drei Zweigen 4, 5, 6 zugleich vorzuschreiben, denn in der Gleichung

$$U_4 + U_5 + U_6 = 0$$

können höchstens zwei der drei Spannungen unabhängig voneinander vorgegeben werden. Da man in jedem Baumzweig eine Spannung willkürlich festsetzen kann, sieht man die Spannungen an Baumzweigen als voneinander unabhängig an und bezeichnet sie deshalb als unabhängige Spannungen. Im Gegensatz dazu sind die Spannungen an den Verbindungszweigen die abhängigen Spannungen.

2.8.4.2 Das Schema zur Aufstellung der Knotengleichungen

Man kann in dem Netz, dessen Struktur in Bild 2.78 dargestellt wird, alle vorhandenen Spannungsquellen durch ihre Ersatzstromquellen ersetzen. Zum Beispiel wird dann das in Bild 2.76 dargestellte Netz in ein Netz verwandelt, dessen Zweig 6 eine Stromquelle

$$I_{q6} = U_{q6}/R_6$$

mit dem Innenleitwert $G_6 = \dfrac{1}{R_6}$

(anstatt der Spannungsquelle mit U_{q6} und dem Innenwiderstand R_6) enthält. Dies zeigt Bild 2.93, wobei anstatt der Widerstandswerte jeweils die Leitwerte angegeben sind:

$$G_1 = \dfrac{1}{R_1} \quad \text{usw.}$$

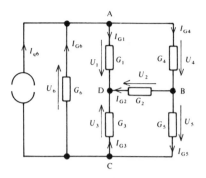

Bild 2.93.   Netz mit drei Maschen und einer Stromquelle

Für die 6 Widerstände kann das Ohmsche Gesetz in folgender Form geschrieben werden:

$$I_{G1} = G_1 U_1 \tag{2.110a}$$

$$\vdots$$

$$I_{G6} = G_6 U_6 . \tag{2.110b}$$

Als System der Knotengleichungen ergibt sich nun

Knoten A: $I_{G1} + I_{G4} - I_{G6} = I_{q6}$ $\tag{2.111a}$

Knoten B: $I_{G2} - I_{G4} + I_{G5} = 0$ $\tag{2.111b}$

Knoten C: $I_{G3} - I_{G5} + I_{G6} = - I_{q6}$ $\tag{2.111c}$

und als System der Umlaufgleichungen

$$U_4 = U_1 - U_2 \tag{2.112a}$$

$$U_5 = U_2 - U_3 \tag{2.112b}$$

$$U_6 = U_3 - U_1 . \tag{2.112c}$$

Wenn man nun im System (2.111) die Ströme $I_{G1} \ldots I_{G6}$ durch die zugehörigen Spannungen ausdrückt, so entsteht

$$G_1 U_1 + G_4 U_4 - G_6 U_6 = I_{q6} \tag{2.113a}$$

$$G_2 U_2 - G_4 U_4 + G_5 U_5 = 0 \tag{2.113b}$$

$$G_3 U_3 - G_5 U_5 + G_6 U_6 = - I_{q6} . \tag{2.113c}$$

In diesen drei Gleichungen kann man die abhängigen Spannungen U_4, U_5, U_6 mit Hilfe der drei Maschengleichungen (2.112) eliminieren:

$$G_1 U_1 + G_4 (U_1 - U_2) - G_6 (U_3 - U_1) = I_{q6}$$

$$G_2 U_2 - G_4 (U_1 - U_2) + G_5 (U_2 - U_3) = 0$$

$$G_3 U_3 - G_5 (U_2 - U_3) + G_6 (U_3 - U_1) = - I_{q6} .$$

Ordnet man diese drei Gleichungen nach den drei Unbekannten U_1, U_2, U_3, so entsteht folgendes Gleichungs-System für die unabhängigen Spannungen:

A: $(G_1 + G_4 + G_6) U_1$ $\quad - G_4 U_2 - G_6 U_3$ $\quad = I_{q6}$ $\qquad$ (2.114a)

B: $\quad - G_4 U_1 + (G_2 + G_4 + G_5) U_2 - G_5 U_3$ $\quad = 0$ $\qquad$ (2.114b)

C: $\quad - G_6 U_1$ $\quad - G_5 U_2 + (G_3 + G_5 + G_6) U_3 = - I_{q6}.$ $\qquad$ (2.114c)

Dieses Gleichungs-System läßt sich folgendermaßen deuten. Zum Beispiel ist die Gl. (2.114a) aus der Gl. (2.111a) für den Knoten A hervorgegangen. Der (einzige) Baumzweig, der mit diesem Knoten verbunden ist, ist der Zweig 1 mit der unabhängigen Spannung U_1. Als Koeffizient dieser Spannung tritt die Summe aller drei in A zusammengeführten Leitwerte auf: $G_1 + G_4 + G_6$; man bezeichnet

$G_1 + G_4 + G_6$ als **Knotenleitwert**

des Knotens A (der Knotenleitwert kann als Parallelschaltung sämtlicher im Knoten zusammentreffenden Leitwerte aufgefaßt werden).
Als Koeffizient für U_2 tritt der Leitwert G_4 auf, der die Knoten A und B direkt verbindet (U_2 ist die unabhängige Spannung, die dem Knoten B zugeordnet ist). Wir betrachten daher

G_4 als **Kopplungsleitwert**

der beiden Knoten A und B. Entsprechend ist der Leitwert

G_6 der Kopplungsleitwert

der beiden Knoten A und C.
Die Gl. (2.114a) hätte also von vornherein folgendermaßen aufgestellt werden können:

> 1. Es wird für die gegebene Schaltung (z.B. Bild 2.93) ein sternförmiger vollständiger Baum ausgewählt (z.B. die Zweige 1, 2, 3), indem man von einem beliebigen Bezugsknoten ausgeht (im Beispiel: Knoten D) und alle Verbindungen von diesem Knoten zu den anderen Knoten zu Baumzweigen macht. Sind nicht alle Knoten direkt mit dem Bezugsknoten (D) verbunden, so sind in solchen Fällen Zweige mit dem Leitwert $G = 0$ einzufügen.
> 2. Die Zählpfeile der unabhängigen Spannungen (U_1, U_2, U_3) zeigen alle auf den Bezugsknoten (D).
> 3. Die Gleichung enthält auf der linken Seite als Unbekannte alle unabhängigen Spannungen (U_1, U_2, U_3).
> 4. Hierbei tritt der Knotenleitwert ($G_1 + G_4 + G_6$) als Koeffizient bei der unabhängigen Spannung (U_1) auf, die dem betrachteten Knoten (A) zugeordnet ist.
> 5. Die Koeffizienten für die anderen unabhängigen Spannungen (U_2, U_3) sind die Kopplungsleitwerte (G_4, G_6). Ihr Vorzeichen ist immer negativ (aufgrund der Regeln 1 und 2).
> 6. Auf der rechten Gleichungsseite erscheint die Summe aller Quellenströme (I_{q6}), die in den betreffenden Knoten (A) hineinfließen. Jeder Quellenstrom erhält hierbei ein Pluszeichen, wenn er in den Knoten hineinfließt; ein Minuszeichen, wenn er herausfließt.

Der vollständige Baum müßte übrigens nicht so gewählt werden, wie die Regel 1 es vorschreibt. Doch dann würden die Regeln 4 und 5 zur Bestimmung der Koeffizienten viel undurchsichtiger. Daher lohnt es sich hier – im Gegensatz zur Umlaufanalyse –, bei der Auswahl des vollständigen Baumes von vornherein eine erhebliche Einschränkung hinzunehmen.

Nach den Regeln 1 … 6 hätte das Gleichungs-System (2.114) unmittelbar aufgestellt werden können. Auch dieses System bringen wir – ebenso wie zuvor das System (2.104) – in eine möglichst übersichtliche Form:

U_1	U_2	U_3		
$G_1+G_4+G_6$	$-G_4$	$-G_6$	I_{q6}	(2.114)
$-G_4$	$G_2+G_4+G_5$	$-G_5$	0	
$-G_6$	$-G_5$	$G_3+G_5+G_6$	$-I_{q6}$	

Das aus den 3 Knoten- und 6 Kopplungsleitwerten gebildete Koeffizientenschema nennt man **Leitwertmatrix.** Die Hauptdiagonale enthält die drei Knotenleitwerte, die Kopplungsleitwerte liegen symmetrisch zur Hauptdiagonalen. Das Verfahren zur unmittelbaren Aufstellung der Leitwertmatrix nennt man **Knotenanalyse.**

Beispiel 2.31

Analyse eines Netzes mit 3 Maschen und einer Stromquelle
In einem Netz (Bild 2.94) sind die Leitwerte $G_1 … G_6$ und der eingeprägte Strom I_{q6} gegeben;

$$G_1 = 6\,\text{S}, \quad G_2 = 8\,\text{S}, \quad G_3 = 11\,\text{S}, \quad G_4 = 12\,\text{S}, \quad G_5 = 4\,\text{S}, \quad G_6 = 3\,\text{S};$$

$$I_{q6} = 23{,}5\,\text{A}.$$

Die Spannung U_3 ist gesucht.

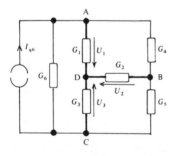

Bild 2.94.   Dreimaschiges Netz mit einer Stromquelle

Lösung:
Nach den Regeln der Knotenanalyse läßt sich das Gleichungs-System (2.114) für die Spannungen U_1, U_2, U_3 angeben (Bezugsknoten D). Mit den gegebenen Zahlenwerten wird dann:

	U_1	U_2	U_3	
A	$21\,\text{S}$	$-12\,\text{S}$	$-3\,\text{S}$	$23{,}5\,\text{A}$
B	$-12\,\text{S}$	$24\,\text{S}$	$-4\,\text{S}$	0
C	$-3\,\text{S}$	$-4\,\text{S}$	$18\,\text{S}$	$-23{,}5\,\text{A}$

Durch Multiplikation mit der Einheit $\Omega = \dfrac{1}{S}$ erhält man

U_1	U_2	U_3	
21	−12	− 3	23,5 V
−12	24	− 4	0
− 3	− 4	18	−23,5 V

Wir multiplizieren die dritte Gleichung mit 3 und addieren die beiden anderen Gleichungen:

U_1	U_2	U_3	
21	−12	− 3	23,5 V
−12	24	− 4	0
− 9	−12	54	−70,5 V

$\left.\begin{array}{c} \\ \\ \end{array}\right\} +$

Wegen der speziellen Zahlenwerte für $G_1 \ldots G_6$ läßt sich das Gleichungs-System hier also besonders schnell auflösen:

$$47 U_3 = -47\,\text{V} \qquad \underline{\underline{U_3 = -\,1\,\text{V}}}.$$

Beispiel 2.32

Berechnung der Ströme in einem dreimaschigen Netz mit einer Spannungsquelle
Aufgabenstellung: wie in Beispiel 2.26.

Lösung:
Um die Knotenanalyse anwenden zu können, wird die Spannungsquelle im Zweig 6 in eine Stromquelle umgewandelt (Bild 2.95); vgl. Abschnitt 2.4.4. Das gegebene Netz (Bild 2.76) kann dann so dargestellt

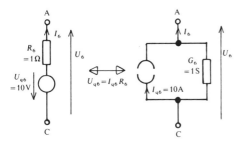

Bild 2.95.   Äquivalente Quellen

werden wie in Bild 2.96. Für die unabhängigen Spannungen U_1, U_2, U_3 ergibt sich mit den Regeln der Knotenanalyse:

U_1	U_2	U_3	
$\dfrac{7}{3}$	-1	-1	$10\,\text{V}$
-1	$\dfrac{11}{5}$	$-\dfrac{1}{5}$	0
-1	$-\dfrac{1}{5}$	$\dfrac{17}{10}$	$-10\,\text{V}$

Die Auflösung dieses Gleichungs-Systems ergibt

$$U_1 = 3\,\text{V}; \quad U_2 = 1\,\text{V}; \quad U_3 = -4\,\text{V}.$$

Daraus folgt

$$
\begin{aligned}
U_4 &= U_1 - U_2 = 2\,\text{V} \\
U_5 &= U_2 - U_3 = 5\,\text{V} \\
U_6 &= U_3 - U_1 = -7\,\text{V}.
\end{aligned}
$$

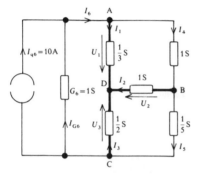

Bild 2.96.   Dreimaschiges Netz mit einer Stromquelle

Die gesuchten Ströme sind

$$I_1 = U_1 G_1 = \frac{3\,\text{V}}{3\,\Omega} = \underline{\underline{1\,\text{A}}}$$

$$I_2 = U_2 G_2 = \frac{1\,\text{V}}{1\,\Omega} = \underline{\underline{1\,\text{A}}}$$

$$I_3 = U_3 G_3 = \frac{-4\,\text{V}}{2\,\Omega} = \underline{\underline{-2\,\text{A}}}$$

$$I_4 = U_4 G_4 = \frac{2\,\text{V}}{1\,\Omega} = \underline{\underline{2\,\text{A}}}$$

$$I_5 = U_5 G_5 = \frac{5\,\text{V}}{5\,\Omega} = \underline{\underline{1\,\text{A}}}$$

$$I_6 = I_{q6} + I_{G6} = I_{q6} + U_6 G_6 = 10\,\text{A} + \frac{-7\,\text{V}}{1\,\Omega} = \underline{\underline{3\,\text{A}}}.$$

Hierdurch werden die Ergebnisse des Beispiels 2.26 bestätigt.

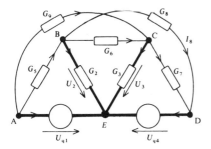

Bild 2.97. Netz mit 5 Knoten und 9 Zweigen

Beispiel 2.33

Analyse eines Netzes mit fünf Knoten und neun Zweigen (davon zwei ideale Spannungsquellen)
Ein Netz enthält 7 ohmsche Widerstände und 2 ideale Spannungsquellen (Bild 2.97). Folgende Zahlenwerte sind gegeben:

$$G_2 = 14\,\text{S}; \quad G_3 = 11\,\text{S}$$
$$G_5 = 4\,\text{S}$$
$$G_6 = 8\,\text{S}; \quad G_7 = 11\,\text{S}$$
$$G_8 = 6\,\text{S}; \quad G_9 = 2\,\text{S}.$$
$$U_{q1} = 15\,\text{V}; \quad U_{q4} = 6\,\text{V}.$$

Gesucht ist der Strom I_8.

Lösung:

Mit Hilfe der Knotenanalyse ergeben sich (mit dem Bezugsknoten E) für die Knoten B und C folgende Gleichungen für die vier unabhängigen Spannungen U_{q1}, U_2, U_3, U_{q4}:

	U_{q1}	U_2	U_3	U_{q4}		
B	$-G_5$	$(G_2 + G_5 + G_6 + G_8)$	$-G_6$	$-G_8$	0	(2.115)
C	$-G_9$	$-G_6$	$(G_3 + G_6 + G_7 + G_9)$	$-G_7$	0	

Die Gleichungen für die Knoten A und D enthalten auf der rechten Seite die von den Quellen abgegebenen (unbekannten) Ströme. Hier genügen zur Analyse des Netzes schon die beiden Gln. (2.115), weil in ihnen nur U_2 und U_3 unbekannt, U_{q1} und U_{q4} dagegen vorgegeben sind. Um das deutlich zu machen, ziehen wir U_{q1} und U_{q4} auf die rechten Gleichungs-Seiten:

U_2	U_3	
$(G_2 + G_5 + G_6 + G_8)$	$-G_6$	$G_5 U_{q1} + G_8 U_{q4}$
$-G_6$	$(G_3 + G_6 + G_7 + G_9)$	$G_9 U_{q1} + G_7 U_{q4}$

Mit den gegebenen Zahlenwerten wird

U_2	U_3	
32	-8	96 V
-8	32	96 V

Vertauschung von U_2 und U_3 ändert am Gleichungs-System nichts, d.h. es ist

$$U_2 = U_3 .$$

Damit folgt

$$24\,U_2 = 96\,\text{V}; \quad U_2 = 4\,\text{V} = U_3 .$$

Wegen

$$U_8 = U_2 - U_{q4} = 4\,\text{V} - 6\,\text{V} = -2\,\text{V}$$

gilt dann

$$I_8 = U_8 G_8 = -2\,\text{V} \cdot 6\,\text{S} = -12\,\text{A} .$$

2.8.5 Vergleich zwischen Umlauf- und Knotenanalyse

Zunächst soll der Zusammenhang zwischen der Anzahl k der Knoten eines Netzes und der maximalen Anzahl $\hat{z}$ der Zweige bestimmt werden: Fügt man einem Netz mit k Knoten (z. B. $k = 4$;

Bild 2.98.   Zur Herstellung des Zusammenhangs zwischen k und $\hat{z}$

vgl. Bild 2.98) noch einen Knoten hinzu (E), so sind hierdurch k neue Zweige möglich (in Bild 2.98 gestrichelt gezeichnet):

$$\hat{z}_{k+1} = k + \hat{z}_k = k + k - 1 + \hat{z}_{k-1} = k + k - 1 + k - 2 + \ldots + 1$$

$$\hat{z}_{k+1} = (k+1)\frac{k}{2} .$$

Ersetzt man hierin $k + 1$ durch k, so wird

$$\hat{z}_k = k\frac{k-1}{2} .$$

Da für die Anzahl b der Baumzweige gilt

$$b = k - 1$$

und für die maximale Anzahl $\hat{v}$ der Verbindungszweige

$$\hat{v} = \hat{z} - b ,$$

kann man folgende Tabelle aufstellen:

k	b	$\hat{z}$	$\hat{v}$	$\hat{v} - b$
2	1	1		
3	2	3	1	-1
4	3	6	3	0
5	4	10	6	2
6	5	15	10	5
7	6	21	15	9

Bei der Anwendung der Umlaufanalyse entsteht ein Gleichungs-System mit v Unbekannten, bei der Knotenanalyse mit b Unbekannten. Ist in einem Netz also

$$v > b,$$

so führt die Knotenanalyse zu einem einfacheren Gleichungs-System (d. h. zu einem Gleichungs-System mit weniger Unbekannten) als die Umlaufanalyse. Das ist nur für Netze mit $k \geq 5$ möglich. Zum Beispiel hat ein Fünfeck nur 4 unabhängige Spannungen, liefert bei der Knotenanalyse also 4 Unbekannte. Falls das Fünfeck 9 Zweige hat (wie z. B. in Bild 2.97), existieren 5 unabhängige Ströme, die Umlaufanalyse liefert also 5 Unbekannte. Falls das Fünfeck sogar 10 Zweige hat (wie z. B. in Bild 2.98), ergibt sich demnach aus der Umlaufanalyse ein Gleichungs-System mit 6 Unbekannten.

Die Knotenanalyse ist also der Umlaufanalyse vor allem in stark »vermaschten« Netzen mit 5 und mehr Knoten überlegen. Sind allerdings die Ströme oder Spannungen einzelner Zweige vorgegeben, so treten jeweils weniger unbekannte unabhängige Ströme bzw. unabhängige Spannungen auf.

Ist in einem Netz mit $k = 4$, $z = 6$ eine ideale Spannungsquelle enthalten, so kann in diesem Fall die Knotenanalyse schneller zum Ziel führen als die Umlaufanalyse, wie das folgende Beispiel zeigt.

Beispiel 2.34

Analyse eines dreimaschigen Netzes mit einer idealen Spannungsquelle
In einem Netz (Bild 2.99) sind die Leitwerte $G_2 \dots G_6$ und die Spannung U_{q1} gegeben:

$$G_2 = 2\,\text{S}; \quad G_3 = 3\,\text{S}$$
$$G_4 = 4\,\text{S}; \quad G_5 = 6\,\text{S}$$
$$G_6 = 8\,\text{S};$$
$$U_{q1} = 7\,\text{V}.$$

Alle Spannungen sind gesucht.

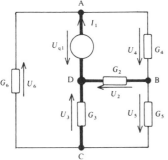

Bild 2.99. Dreimaschiges Netz mit einer idealen Spannungsquelle

Lösung:

Nach den Regeln der Knotenanalyse gilt (mit D als Bezugsknoten):

	U_{q1}	U_2	U_3	
A:	(G_4+G_6)	$-G_4$	$-G_6$	I_1
B:	$-G_4$	$(G_2+G_4+G_5)$	$-G_5$	0
C:	$-G_6$	$-G_5$	$(G_3+G_5+G_6)$	0

In diesem Gleichungs-System mit den Unbekannten U_2, U_3 und I_1 enthält nur die oberste Gleichung die Unbekannte I_1. Wir lassen diese Gleichung weg und erhalten so ein Gleichungs-System für die beiden Unbekannten U_2, U_3:

U_2	U_3	
$(G_2+G_4+G_5)$	$-G_5$	$G_4 U_{q1}$
$-G_5$	$(G_3+G_5+G_6)$	$G_6 U_{q1}$

Mit den gegebenen Zahlenwerten wird:

U_2	U_3	
12	-6	28 V
-6	17	56 V

Die zweite Gleichung wird mit 2 multipliziert und zur ersten addiert:

$$\begin{aligned} 12\,U_2 &- 6\,U_3 &= 28\text{ V} \\ -12\,U_2 &+ 34\,U_3 &= 112\text{ V} \\ \hline & 28\,U_3 &= 140\text{ V} \qquad \underline{\underline{U_3 = 5\text{ V}}}. \end{aligned}$$

Setzt man dies in die erste Gleichung ein, so wird

$$12\,U_2 = 28\text{ V} + 6\cdot 5\text{ V} \qquad \underline{\underline{U_2 = \frac{29}{6}\text{ V}}}.$$

Daraus ergeben sich die abhängigen Spannungen:

$$U_4 = U_{q1} - U_2 = 7\text{ V} - \frac{29}{6}\text{ V} = \underline{\underline{\frac{13}{6}\text{ V}}}$$

$$U_5 = U_2 - U_3 = \frac{29}{6}\text{ V} - 5\text{ V} = \underline{\underline{-\frac{1}{6}\text{ V}}}$$

$$U_6 = U_3 - U_{q1} = 5\text{ V} - 7\text{ V} = \underline{\underline{-2\text{ V}}}.$$

Anmerkung zu Bild 2.98

Mit der Erweiterung des vollständigen Vierecks zum vollständigen Fünfeck (Bild 2.98) kommen 4 neue Zweige hinzu. Es können nun 3 zusätzliche linear unabhängige Umlaufgleichungen (z.B. für die Maschen A–B–E, B–C–E, C–D–E) und 1 zusätzliche Knotengleichung (Knoten E) aufgestellt werden. Außerdem gilt für ohmsche Widerstände in den 4 hinzugekommenen Zweigen das Ohmsche Gesetz, das uns 4 weitere neue Bestimmungsgleichungen liefert. Es zeigt sich also: durch die Erweiterung des vollständigen Vierecks zum vollständigen Fünfeck können 8 neue Unbekannte (4 Zweigspannungen und 4 Ströme) auftreten, es können dann aber auch gerade 8 neue linear unabhängige Gleichungen zu deren Bestimmung aufgestellt werden.

2.8.6 Gesteuerte Quellen

In Abschnitt 2.4.4 wurde gezeigt, daß man lineare Quellen (bzw. lineare aktive Zweipole) durch eine ideale Quelle (Spannungs- oder Stromquelle) und einen Innenwiderstand darstellen kann. Die idealen Quellen sind dadurch gekennzeichnet, daß – unabhängig von der Belastung – bei der idealen Spannungsquelle die Spannung zwischen den Klemmen eine Konstante ist, während die ideale Stromquelle einen konstanten Strom abgibt.

Im Hinblick auf viele Anwendungen (z. B. Verstärkerschaltungen) ist es zweckmäßig, neben den idealen Quellen mit einer konstanten Klemmengröße sog. **gesteuerte Quellen** einzuführen. Bei

Bild 2.100. Gesteuerte Quelle

diesen hängt eine der beiden Klemmengrößen U oder I (Bild 2.100) von einer der steuernden Eingangsgrößen U_1' oder I_1 ab. Insgesamt gibt es demnach vier Arten gesteuerter Quellen:

U_1 steuert U: spannungsgesteuerte Spannungsquelle
U_1 steuert I: spannungsgesteuerte Stromquelle
I_1 steuert U: stromgesteuerte Spannungsquelle
I_1 steuert I: stromgesteuerte Stromquelle

Im einfachsten Fall ist die gesteuerte Größe der steuernden Größe proportional; dann lassen sich die vier Arten gesteuerter Quellen so beschreiben:

$$U = k_1 U_1$$
$$I = k_2 U_1$$
$$U = k_3 I_1$$
$$I = k_4 I_1 \ .$$

Beispiele

Wir betrachten im folgenden einige Anwendungen und beziehen uns dabei auf die Schaltung nach Bild 2.97. Zuerst ersetzen wir die Spannungsquelle U_{q4} durch eine spannungsgesteuerte Stromquelle $I_{q4} = k \cdot U_2$ (Stromrichtung: von D nach E). Die Gleichungen werden wie in Beispiel 2.33 aufgestellt; hinzu kommt eine dritte Gleichung für den Knoten D.

	U_{q1}	U_2	U_3	U_4	
B:	$-G_5$	$G_2 + G_5 + G_6 + G_8$	$-G_6$	$-G_8$	0
C:	$-G_9$	$-G_6$	$G_3 + G_6 + G_7 + G_9$	$-G_7$	0
D:	0	$-G_8$	$-G_7$	$G_7 + G_8$	$-I_{q4} = -kU_2$.

In der letzten Gleichung zieht man den Term $-kU_2$ auf die linke Seite:

		U_2	U_3	U_4	
D:	0	$-G_8 + k$	$-G_7$	$G_7 + G_8$	0 .

Damit entsteht ein Gleichungssystem für die drei Unbekannten U_2, U_3, U_4; es läßt sich leicht auf folgende Form bringen:

U_2	U_3	U_4		
$\dots$			$G_5 U_{q1}$	
$\dots$			$G_9 U_{q1}$	
$\dots$			0	

Problemlos läßt sich auch der Fall der spannungsgesteuerten Spannungsquelle behandeln: Es sei $U_{q4} = k \cdot U_2$. Dann ist in dem Gleichungssystem U_{q4} durch $k U_2$ zu ersetzen. Man erhält zunächst für die Knoten B und C:

U_{q1}	U_2	U_3	$k U_2$	
$-G_5$	$G_2 + G_5 + G_6 + G_8$	$-G_6$	$-G_8$	0
$-G_9$	$-G_6$	$G_3 + G_6 + G_7 + G_9$	$-G_7$	$0.$

Nach Zusammenfassen der Spalten 2 und 4 hat man

U_{q1}	U_2	U_3	
$-G_5$	$G_2 + G_5 + G_6 + G_8 - k G_8$	$-G_6$	0
$-G_9$	$-G_6 - k G_7$	$G_3 + G_6 + G_7 + G_9$	0

oder

U_2	U_3		
$\dots$		$G_5 U_{q1}$	
$\dots$		$G_9 U_{q1}$	

Diese Aufgabe läßt sich besonders einfach lösen, weil die steuernde Spannung in dem Schema als Knotenspannung unmittelbar vorkommt. Etwas aufwendiger wird die Untersuchung eines Netzes, wenn die steuernde Spannung zuerst noch durch Knotenspannungen ausgedrückt werden muß. Wir betrachten den Fall $U_{q4} = k U_6$. Aus dem Schaltbild entnimmt man $U_6 = U_2 - U_3$; demnach ist $U_{q4} = k U_2 - k U_3$. Man hat also

U_{q1}	U_2	U_3	$k(U_2 - U_3)$	
$-G_5$	$G_2 + G_5 + G_6 + G_8$	$-G_6$	$-G_8$	0
$-G_9$	$-G_6$	$G_3 + G_6 + G_7 + G_9$	$-G_7$	0

oder

U_{q1}	U_2	U_3	
$-G_5$	$G_2 + G_5 + G_6 + G_8 - k G_8$	$-G_6 + k G_8$	0
$-G_9$	$-G_6 - k G_7$	$G_3 + G_6 + G_7 + G_9 + k G_7$	0

usw.

Spannungsgesteuerte Spannungs- und Stromquellen können also bei der Knotenanalyse ohne weiteres berücksichtigt werden.

Wir wenden uns nun dem Fall der stromgesteuerten Spannungsquelle zu: Es sei $U_{q4} = k I_6$. Wir drücken I_6 mit Hilfe des Ohmschen Gesetzes durch Knotenspannungen aus: $I_6 = G_6 (U_2 - U_3)$. Damit wird

U_{q1}	U_2	U_3	$k G_6 (U_2 - U_3)$	
		$\dots$		

Der Fall kann also wie das vorige Beispiel behandelt werden.

Es läßt sich also feststellen, daß mit der Knotenanalyse Netze mit spannungsgesteuerten Quellen besonders einfach zu behandeln sind. Entsprechend können mit der Umlaufanalyse Schaltungen mit stromgesteuerten Quellen leichter untersucht werden.

Der Operationsverstärker als spannungsgesteuerte Spannungsquelle

Als wichtiger Typ einer gesteuerten Quelle soll hier der Operationsverstärker erwähnt werden (Bild 2.101), der sich als spannungsgesteuerte Spannungsquelle durch

$$U = k_1 U_1$$

beschreiben läßt. Dies gilt aber nur, wenn er nicht übersteuert wird, d.h. nur innerhalb eines relativ kleinen Wertebereiches für die Eingangsspannung U_1 (im Beispiel des Bildes 2.102 für $-1,2\,\mathrm{mV} < U_1 < +1,2\,\mathrm{mV}$). In diesem Bereich linearer Verstärkung schreibt man für den Proportionalitätsfaktor statt k_1 meist v_0 und nennt ihn die Leerlaufverstärkung des Operationsverstärkers:

$$v_0 = \frac{U}{U_1};$$

in Bild 2.102 ist $v_0 = 10^4$. Bei den meisten Anwendungen werden die Operationsverstärker <u>im Bereich linearer Verstärkung</u> betrieben, so daß sie in Datenbüchern über integrierte Halbleiterschaltungen sogar kurzerhand als lineare Schaltungen bezeichnet werden. Es gibt aber auch wichtige Anwendungen, bei denen die Operationsverstärker außerhalb des Bereiches der linearen Verstärkung betrieben werden (insbesondere in Mitkopplungsschaltungen, aber auch in übersteuerten Gegenkopplungsschaltungen).

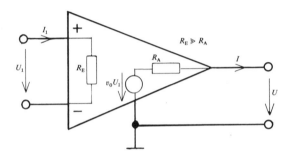

Bild 2.101. Nicht-übersteuerter Operationsverstärker als spannungsgesteuerte Spannungsquelle

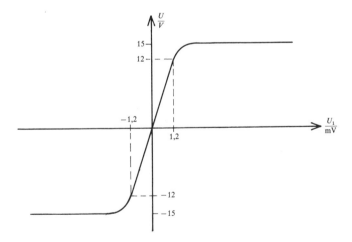

Bild 2.102. Verstärkungs-Kennlinie eines bestimmten Operationsverstärkers

3. Elektrostatische Felder

3.1 Skalare und vektorielle Feldgrößen

Bisher haben wir fast nur Größen betrachtet, die sich auf eine Länge oder einen Querschnitt beziehen: So tritt z. B. ein Spannungsabfall U auf einem Leiterstück der Länge l auf. Wenn wir die transportierte Ladungsmenge durch den Strom I kennzeichnen, so ist dabei immer an einen bestimmten Querschnitt zu denken, durch den die Ladungsmenge in einer gewissen Zeit hindurchtritt. Sind physikalische Größen den Punkten eines Raumes zugeordnet (man sagt auch: dieser Raum ist von den Wirkungen dieser physikalischen Größe erfüllt), so nennt man diesen Raum ein **Feld** und die den Raumzustand charakterisierende Größe eine **Feldgröße**. Ist die Feldgröße eine ungerichtete Größe, wie z. B. die Temperatur und der Druck, so spricht man von einer **skalaren Feldgröße**, ist die Feldgröße durch Betrag und Richtung gekennzeichnet, so liegt eine **vektorielle Feldgröße** vor. Beispiele hierfür sind die Windgeschwindigkeit und die Stromdichte.

Skalare Felder lassen sich durch Flächen darstellen, auf denen die Feldgröße überall den gleichen Wert hat. Das zeigt für den zweidimensionalen Fall Bild 3.1, in dem geographische Höhenlinien skizziert sind.

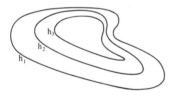

Bild 3.1.   Geographische Höhenlinien

Vektorielle Felder werden meist durch Feldlinien veranschaulicht. Diese Linien geben die Richtung der Feldgröße an; ein Maß für den Betrag der Feldgröße stellt die Dichte der Feldlinien dar. Eine andere Möglichkeit besteht darin, in bestimmten Punkten das Feld durch Vektorpfeile zu kennzeichnen (Bild 3.2). Ist die Feldgröße in dem betrachteten Raum örtlich konstant (hinsichtlich Betrag und Richtung), so nennt man das Feld **homogen**, andernfalls **inhomogen**. Bild 3.3 zeigt einige Beispiele. Haben alle Feldlinien Anfang und Ende, so hat man es mit einem

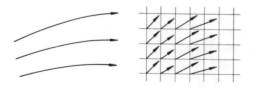

Bild 3.2.   Darstellung eines Feldes durch Feldlinien oder durch Vektoren in Rasterpunkten

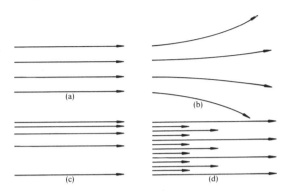

Bild 3.3.   Homogenes Feld (a) und Beispiele für inhomogene Felder (b,c,d)

reinen **Quellenfeld** zu tun. Sind alle Feldlinien in sich geschlossen, so liegt ein reines **Wirbelfeld** vor (Bild 3.4).

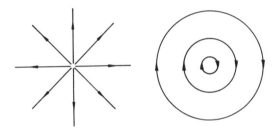

Bild 3.4.   Reines Quellenfeld (links) und reines Wirbelfeld (rechts)

3.2   Die elektrische Feldstärke und die Potentialfunktion

3.2.1   Das Coulombsche Gesetz

Daß zwischen Ladungen Kräfte wirken, hatten wir in Abschnitt 1.1 schon gesagt. Dieser Zusammenhang wird quantitativ beschrieben durch das experimentell gefundene **Coulombsche Gesetz.** Danach ist die Kraft F, die zwischen den beiden Punktladungen q und Q besteht, die voneinander den Abstand r haben:

$$F = K \frac{q \cdot Q}{r^2}.$$

Die Richtung der Kraft hängt natürlich davon ab, ob wir die Kraft auf die Ladung q oder die

Bild 3.5.   Zum Coulombschen Gesetz

Ladung Q meinen. Für die Kraft auf q läßt sich unter Verwendung von Vektoren (Bild 3.5) schreiben:

$$\vec{F} = K \frac{q \cdot Q}{r^2} \vec{r}^0 .$$

Der Proportionalitätsfaktor K ist nicht mehr frei wählbar, da wir Abstände, Kräfte und Ladungen schon definiert haben. Er hängt von dem Medium ab, in dem das Coulombsche Experiment ausgeführt wird. Der Faktor K ist also eine Materialkonstante. Man schreibt aus Gründen, die in den folgenden Abschnitten deutlich werden,

$$K = \frac{1}{4\pi\varepsilon} \tag{3.1}$$

und nennt ε die **Dielektrizitätskonstante.**

Mit Gl. (3.1) nimmt das Coulombsche Gesetz die endgültige Form an

$$\vec{F} = \frac{q \cdot Q}{4\pi\varepsilon} \cdot \frac{\vec{r}^0}{r^2} . \tag{3.2}$$

An dieser Stelle soll auf das **elektrostatische Maßsystem** hingewiesen werden. Setzt man willkürlich für das Vakuum die Konstante K im Coulombschen Gesetz gleich eins, so hat man

$$F = \frac{qQ}{r^2}$$

und damit, da für Längen und Kräfte Maßeinheiten bereits vorliegen, eine Bestimmungsgleichung für eine mögliche Einheit der Ladung:

$$[Q^2] = [F][r^2] = N \cdot m^2 = \frac{kg\, m}{s^2} \cdot m^2 = kg \cdot m^3 \cdot s^{-2}$$

und

$$[Q] = kg^{1/2}\, m^{3/2}\, s^{-1} .$$

3.2.2 Die elektrische Feldstärke

Aus Gl. (3.2) entnehmen wir, daß die auf eine Probeladung q wirkende Kraft dieser Ladung proportional ist:

$$\vec{F} \sim q . \tag{3.3}$$

Der Proportionalitätsfaktor ist, wie ein Vergleich mit derselben Gl. (3.2) zeigt, der Vektor

$$\frac{Q}{4\pi\varepsilon} \frac{\vec{r}^0}{r^2} .$$

Dieser Vektor stellt offensichtlich ein Maß für die elektrische Wirkung der Ladung Q an einem Ort im Abstand r von der Ladung Q dar. Man kann diesen Sachverhalt unter Verwendung des Feldbegriffs so beschreiben: Die Ladung Q (s. Bild 3.6) ändert den Raumzustand in ihrer Umgebung; oder: der Raum ist von einem elektrischen Feld erfüllt, das seine Ursache in Q hat. Den dieses Feld charakterisierenden Vektor nennen wir die **elektrische Feldstärke** $\vec{E}$. Für den speziellen Fall der Punktladung Q haben wir also

$$\vec{E} = \frac{Q}{4\pi\varepsilon} \frac{\vec{r}^0}{r^2} . \tag{3.4}$$

Bild 3.6.   Probeladung q im Feld der Ladung Q

An Stelle von Gl. (3.2) schreiben wir

$$\boxed{\vec{F} = q\,\vec{E}}\ .\tag{3.5}$$

Da die elektrische Feldstärke $\vec{E}$ nur das von der Ladung Q hervorgerufene Feld beschreibt, jedoch nicht das von der Probeladung q angeregte Feld, nennt man $\vec{E}$ in Gl. (3.5) oft das Fremdfeld und setzt dafür $\vec{E}^{(f)}$. Als Definitionsgleichung für die elektrische Feldstärke können wir wegen Gl. (3.5) auffassen:

$$\vec{E} = \frac{\vec{F}}{q}\ .$$

Nach dieser Gleichung ist die Richtung von $\vec{E}$ so festgelegt worden, daß sie im Fall einer positiven Probeladung q mit der Richtung der auf diese Ladung wirkenden Kraft $\vec{F}$ übereinstimmt. Als mögliche Einheit für $\vec{E}$ ergibt sich:

$$[E] = \frac{[F]}{[q]} = \frac{\mathrm{N}}{\mathrm{As}} = \frac{\mathrm{Ws/m}}{\mathrm{As}} = \frac{\mathrm{V}}{\mathrm{m}}\ .$$

Beispiel 3.1

Überlagerung von Feldstärken
Wird ein Feld von mehreren Punktladungen, z. B. von Q_1 und Q_2 hervorgerufen, so gilt bei konstantem ε erfahrungsgemäß der Überlagerungssatz, die Gesamtfeldstärke folgt demnach durch **vektorielle** Addition (Bild 3.7):

$$\vec{E} = \vec{E}_1 + \vec{E}_2 = \frac{1}{4\pi\varepsilon}\left(Q_1\,\frac{\vec{r}_1^{\,0}}{r_1^2} + Q_2\,\frac{\vec{r}_2^{\,0}}{r_2^2}\right).$$

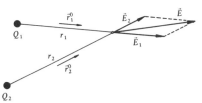

Bild 3.7.   Vektorielle Addition der von Q_1 und Q_2 angeregten Teilfeldstärken $\vec{E}_1$ und $\vec{E}_2$

Es wird sich zeigen, daß das elektrostatische Feld aus einer skalaren Hilfsfunktion hergeleitet werden kann. Damit lassen sich die den einzelnen Ladungen zugeordneten skalaren Funktionen durch **algebraische** Addition überlagern.

Der Zusammenhang zwischen der elektrischen Feldstärke und der elektrischen Spannung soll durch eine Energiebilanz gefunden werden. Wir betrachten zu dem Zweck die Bewegung der Probeladung q im elektrischen Feld (Bild 3.8). Die Bewegung soll in Feldrichtung um die

Bild 3.8.   Probeladung q bewegt sich im Feld $\vec{E}$ um $\Delta\vec{s}$ in Feldrichtung

Strecke Δs erfolgen. Dabei ändert sich nach Abschnitt 1.3 die potentielle Energie der Probeladung um

$$\Delta W_{el} = q \cdot \Delta U \,.$$

Ist q positiv, so handelt es sich bei den in Bild 3.8 zugrunde gelegten Richtungen um eine Energieabnahme. Dieser Abnahme entspricht ein Gewinn an mechanischer Energie $F \cdot \Delta s$, wofür mit Gl. (3.5) geschrieben werden kann:

$$\Delta W_{mech} = F \cdot \Delta s = q \cdot E \cdot \Delta s \,.$$

Durch Gleichsetzen beider Energien folgt

$$\Delta U = E \cdot \Delta s \tag{3.6}$$

oder

$$E = \frac{\Delta U}{\Delta s} \,. \tag{3.7}$$

Läßt man in Gl. (3.7) Δs gegen Null streben, geht man also vom Differenzen- zum Differentialquotienten über, so hat man

$$E = \lim_{\Delta s \to 0} \frac{\Delta U}{\Delta s} = \frac{dU}{ds} \,. \tag{3.8}$$

Bei der Herleitung der Gln. (3.6) bis (3.8) wurde vorausgesetzt, daß die Richtung von Δs bzw. ds mit der Richtung der Feldlinien übereinstimmt. Bemerkenswert an Gl. (3.8) ist, daß hier eine Spannung U nach dem Ort s differenziert, also als Funktion des Ortes aufgefaßt wird. Hier müßte demnach U eine Feldgröße sein, was unseren bisherigen Vorstellungen widerspricht. Offen ist auch noch, wie man bei etwa bekannter Funktion U die Richtung der Feldstärke finden kann. Diese Fragen sollen im nächsten Abschnitt beantwortet werden.

3.2.3   Die Potentialfunktion

Zu allgemeineren Ergebnissen als im letzten Abschnitt gelangt man, wenn man von der Einschränkung absieht, die Probeladung solle sich längs einer Feldlinie bewegen. Wir beziehen uns jetzt auf Bild 3.9 und können für die Änderung der mechanischen Energie schreiben

$$\Delta W_{mech} = F \cdot \Delta s \cdot \cos\alpha = |\vec{F}| \cdot |\Delta\vec{s}| \cdot \cos(\vec{F}, \Delta\vec{s}) \,.$$

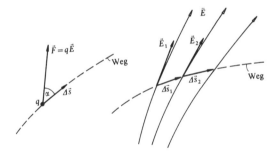

Bild 3.9. Zur Energieänderung bei Bewegung der Probeladung auf beliebigem Weg

Die rechte Seite stellt das aus der Vektorrechnung bekannte **skalare Produkt** $\vec{F}\Delta\vec{s}$ (gelesen: $F\Delta s$) oder $\vec{F} \cdot \Delta\vec{s}$ (gelesen: F Punkt Δs) dar. Mit Gl. (3.5) folgt dann

$$\Delta W_{\text{mech}} = q\,\vec{E} \cdot \Delta\vec{s}$$

und für den Weg von Punkt A nach Punkt B zunächst

$$W_{\text{mech}} = q\,\vec{E}_1 \cdot \Delta\vec{s}_1 + q\,\vec{E}_2 \cdot \Delta\vec{s}_2 + \ldots = q \sum_k \vec{E}_k \cdot \Delta\vec{s}_k.$$

Geht man zum Grenzwert der Summe ($\Delta\vec{s}_k \to 0$) und damit zum Integral über, so erhält man

$$W_{\text{mech}} = q \int_A^B \vec{E}\,d\vec{s}. \tag{3.9}$$

Ein Integral des hier vorliegenden Typs nennt man ein **Linienintegral.** Im allgemeinen hängt der Wert eines solchen Integrals nicht nur von den Grenzen ab, sondern auch noch von dem von A nach B verlaufenden Weg. Die beiden Punkte A und B lassen sich durch beliebig viele Wege miteinander verbinden. Wir müssen also fragen, welchen Einfluß der gewählte Weg auf das nach Gl. (3.9) berechnete Ergebnis hat. Wir stellen uns zu dem Zweck vor, daß eine Probeladung q (Bild 3.10) zuerst auf dem Weg (1) von A nach B bewegt wird, dann auf dem Weg (2)

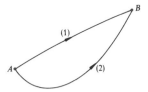

Bild 3.10. Zur Wegunabhängigkeit von $\int_A^B \vec{E}\,d\vec{s}$

von B nach A zurück. Wird z. B. auf dem Weg (1) der Ladung mehr mechanische Energie zugeführt, als auf dem Weg (2) zurückgewonnen wird, so erfährt die Ladung bei jedem Umlauf einen gewissen Energiezuwachs. Das ist jedoch in einem System, das sich im Gleichgewichtszustand befindet und nicht in einem Energieaustausch mit der Außenwelt steht, nicht möglich. Damit leuchtet ein, daß in der Elektrostatik für einen geschlossenen Umlauf mit Gl. (3.9) gilt:

$$0 = q \,_{(1)}\!\!\int_A^B \vec{E} \cdot d\vec{s} + q \,_{(2)}\!\!\int_B^A \vec{E} \cdot d\vec{s}. \tag{3.10}$$

Für die Summe dieser beiden Integrale, die sich zu einem geschlossenen Umlauf ergänzen, schreibt man abkürzend

$$\oint_L \vec{E} \cdot d\vec{s} = 0 \qquad (3.11)$$

und sagt: Das Linienintegral der elektrischen Feldstärke längs eines beliebigen geschlossenen Weges L ist Null. Ein Feld mit dieser speziellen Eigenschaft nennt man **wirbelfrei.** Gl. (3.10) läßt sich auch in der Form

$$(1)\int_A^B \vec{E} \cdot d\vec{s} = (2)\int_A^B \vec{E} \cdot d\vec{s}$$

angeben. Die Gleichung gilt für beliebig gewählte Wege (1) und (2), das Integral ist demnach **wegunabhängig.** Es kommt nur auf Anfangs- und Endpunkt an. Ein Vergleich mit (3.6) zeigt, daß es sich bei dem Integral offensichtlich um eine Verallgemeinerung des Ausdrucks für die Spannung zwischen den Punkten A und B handelt:

$$U_{AB} = \int_A^B \vec{E} \cdot d\vec{s} . \qquad (3.12)$$

Wir wollen jetzt zum Ausdruck bringen, daß das Integral nur von den Grenzen abhängt:

$$U_{AB} = \int_A^B \vec{E} \cdot d\vec{s} = f(B) - f(A) = \int_A^B df .$$

Üblicherweise nennt man die Funktion der Grenzen nicht f, sondern setzt $f = -\Phi$, wobei Φ **Potential(funktion)** heißt. Damit wird

$$U_{AB} = \int_A^B \vec{E} \cdot d\vec{s} = \Phi(A) - \Phi(B) = -\int_A^B d\Phi \quad \text{bzw.} \quad \Phi(B) = -\int_A^B \vec{E} d\vec{s} + \Phi(A) .$$

und

$$\vec{E} \cdot d\vec{s} = -d\Phi . \qquad (3.13)$$

Der Einführung des Minuszeichens liegt folgende Vorstellung zugrunde: Im elektrostatischen Feld sollen Orte, an denen eine positive Ladung eine höhere potentielle Energie gegenüber anderen Orten besitzt, auch durch höhere Werte des Potentials gekennzeichnet sein.

Gl. (3.13) gibt nun die Möglichkeit, die im Zusammenhang mit Gl. (3.8) gestellte Frage zu beantworten, wie aus einer skalaren Feldfunktion die zugehörige Feldstärke zu bestimmen sei. Wir behandeln hier den Fall, daß ein kartesisches Koordinatensystem (Bild 3.11) benutzt wird. Dann sind $\vec{E}$ und $d\vec{s}$ darstellbar durch Komponenten:

$$\vec{E} = \vec{e}_x E_x + \vec{e}_y E_y + \vec{e}_z E_z ,$$

$$d\vec{s} = \vec{e}_x dx + \vec{e}_y dy + \vec{e}_z dz .$$

Hierbei sind E_x, E_y, E_z im allgemeinen Funktionen von x, y, z. Das Skalarprodukt auf der linken Seite von (3.13) ergibt sich zu

$$\vec{E} \cdot d\vec{s} = E_x dx + E_y dy + E_z dz ,$$

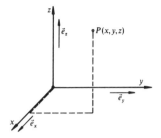

Bild 3.11. Kartesisches Koordinatensystem; Einheitsvektoren $\vec{e}$

die Größe $d\Phi$ auf der rechten Seite ist das **vollständige Differential** der Funktion $\Phi(x, y, z)$:

$$-d\Phi = -\frac{\partial \Phi}{\partial x} dx - \frac{\partial \Phi}{\partial y} dy - \frac{\partial \Phi}{\partial z} dz \,.$$

Da Gl. (3.13) für jedes beliebige $d\vec{s}$ und damit für beliebige dx, dy, dz gilt, müssen die Koeffizienten von dx, dy, dz auf beiden Seiten der Gleichung übereinstimmen:

$$E_x = -\frac{\partial \Phi}{\partial x}, \quad E_y = -\frac{\partial \Phi}{\partial y}, \quad E_z = -\frac{\partial \Phi}{\partial z} \,.$$

Faßt man jetzt die Komponenten wieder zu einem Vektor zusammen, so folgt

$$\vec{E} = -\left(\vec{e}_x \frac{\partial \Phi}{\partial x} + \vec{e}_y \frac{\partial \Phi}{\partial y} + \vec{e}_z \frac{\partial \Phi}{\partial z} \right).$$

Den Ausdruck in der Klammer nennt man den **Gradienten** von Φ und schreibt

$$\operatorname{grad} \Phi = \vec{e}_x \frac{\partial \Phi}{\partial x} + \vec{e}_y \frac{\partial \Phi}{\partial y} + \vec{e}_z \frac{\partial \Phi}{\partial z} \,. \tag{3.14}$$

Damit lautet die Endformel

$$\boxed{\vec{E} = -\operatorname{grad} \Phi} \,. \tag{3.15}$$

Diese Gleichung stellt die Umkehrung von Gl. (3.13) dar und ist zugleich die gesuchte Verallgemeinerung von Gl. (3.8).

Beispiel 3.2

Potentialfunktion und Feldstärke
Eine bestimmte Ladungsverteilung habe ein elektrisches Feld zur Folge, das durch folgende Potentialfunktion beschrieben wird:

$$\Phi = c(x^2 + y^2) = c r^2 \,.$$

Man bestimme zuerst die beiden Feldkomponenten E_x und E_y. Dann soll zur Kontrolle der Rechnung aus dem elektrischen Feld durch Integration entlang einer Feldlinie auf die Potentialfunktion geschlossen werden.

Lösung:
Wegen Gl. (3.15) und (3.14) hat man

$$E_x = -2cx, \quad E_y = -2cy$$

oder

$$\vec{E} = -2c(\vec{e}_x x + \vec{e}_y y)$$

und mit den Bezeichnungen nach Bild 3.12:

$$\vec{E} = -2c\vec{r}.$$

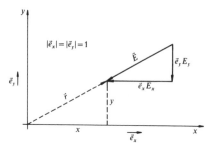

Bild 3.12. Bezeichnungen in Beispiel 3.2

Durch Integration von Gl. (3.13) entlang einer Feldlinie $(d\vec{s} = d\vec{r})$ folgt:

$$\Phi = -\int \vec{E}(r)\,d\vec{r} = +2c\int r\,dr = cr^2 + konst.$$

Beispiel 3.3

Richtung des Gradienten

Setzt man Gl. (3.15) in Gl. (3.13) ein, so erhält man

$$d\Phi = \operatorname{grad}\Phi \cdot d\vec{s}.$$

Hieraus läßt sich jetzt eine Folgerung ziehen hinsichtlich der Richtung des Gradienten.
Wir stellen uns vor, daß wir uns auf einer Potentiallinie (bzw. -fläche) um die Strecke $d\vec{s}$ bewegen. Da die Bewegung auf einer Potentialfläche erfolgt, wird die Potentialänderung Null:

$$0 = \operatorname{grad}\Phi \cdot d\vec{s} = |\operatorname{grad}\Phi|\,|d\vec{s}|\cos(\operatorname{grad}\Phi, d\vec{s}).$$

Da das Produkt Null ist, muß mindestens einer der drei Faktoren auf der rechten Gleichungsseite verschwinden. Der Gradient von Φ ist im allgemeinen von Null verschieden (ausgenommen in speziellen Punkten), ebenso voraussetzungsgemäß die Strecke $|d\vec{s}|$. Somit muß der Cosinus den Wert Null annehmen, d.h. der Vektor grad Φ (und damit auch $\vec{E}$) steht senkrecht auf $d\vec{s}$ und damit auf der Potentialfläche.

Beispiel 3.4

Wegunabhängigkeit von $\int\limits_A^B \vec{E}\,d\vec{s}$

Eine Probeladung q bewege sich im elektrischen Feld der Punktladung Q. Die bei dieser Bewegung auftretende Energieänderung läßt sich leicht berechnen: Man hat nur Gl. (3.4) in Gl. (3.9) einzusetzen:

$$W = q\int\limits_A^B \frac{Q}{4\pi\varepsilon}\frac{\vec{r}^0}{r^2}\,d\vec{s} = \frac{qQ}{4\pi\varepsilon}\int\limits_A^B \frac{\vec{r}^0\,d\vec{s}}{r^2}.$$

Nach Bild 3.13 faßt man das skalare Produkt $\vec{r}^0 \cdot d\vec{s}$ als Zuwachs von r auf, womit man

$$W = \frac{qQ}{4\pi\varepsilon}\int\limits_A^B \frac{dr}{r^2} = \frac{qQ}{4\pi\varepsilon}\left(\frac{1}{r_A} - \frac{1}{r_B}\right)$$

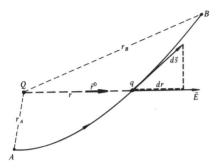

Bild 3.13. Verschiebung der Probeladung q im Feld der Punktladung Q

erhält. Das Ergebnis zeigt, daß die Energie nur von der Lage der Punkte A und B abhängt, nicht jedoch vom Verlauf des Weges zwischen A und B. Durch Anwenden des Überlagerungssatzes verallgemeinert man diese Aussage: Sie gilt für alle Felder, die von beliebig verteilten, ruhenden Punktladungen verursacht werden. Zu dem gleichen Ergebnis waren wir auf S. 116 durch eine plausible Überlegung gekommen.

3.3 Die Erregung des elektrischen Feldes

3.3.1 Die elektrische Verschiebungsdichte

Nach Gl. (3.4) hängt die Stärke des elektrischen Feldes nicht nur von der verursachenden Ladung Q und dem Abstand zwischen dem Ort der Ladung und dem Aufpunkt ab, sondern auch von dem Stoff, von dem die Ladung umgeben ist. Es erweist sich als zweckmäßig, eine zweite, materialunabhängige Feldgröße einzuführen, die am gleichen Ort wie die Feldstärke E wirksam ist. Man definiert

$$\boxed{\vec{D} = \varepsilon \vec{E}} \ . \tag{3.16}$$

Das setzt voraus, daß $\vec{E}$ und $\vec{D}$ gleiche Richtung haben. Materialien, bei denen diese Voraussetzung erfüllt ist, nennt man **isotrop**. Bei einigen Stoffen, z. B. bestimmten Kristallen, sind die Richtungen von $\vec{E}$ und $\vec{D}$ verschieden. Für diese Stoffe, die man als **anisotrop** bezeichnet, gilt Gl. (3.16) nicht mehr. Mit Gl. (3.16) erhält man z. B. für das Feld der Punktladung wegen Gl. (3.4)

$$\vec{D} = \frac{Q}{4\pi} \frac{\vec{r}^0}{r^2} \ . \tag{3.17}$$

Man bezeichnet die Größe $\vec{D}$ als die Erregung des elektrischen Feldes, als **elektrische Verschiebungsdichte** oder als Verschiebungsflußdichte.
Die beiden letzten Gleichungen können benutzt werden, um mögliche Einheiten für ε und $\vec{D}$ zu ermitteln. Aus Gl. (3.17) folgt

$$[D] = \frac{[Q]}{[r^2]} = \frac{\mathrm{As}}{\mathrm{m}^2}$$

und aus (3.16)

$$[\varepsilon] = \frac{[D]}{[E]} = \frac{As/m^2}{V/m} = \frac{As}{Vm}.$$

Für die Dielektrizitätskonstante des Vakuums (=elektrische Feldkonstante) ergibt sich kein einfacher Zahlenwert, da die Einheiten der nach Gl. (3.16) in ε enthaltenen Größen willkürlich festgelegt wurden. Für das Vakuum gilt

$$\varepsilon_0 = 8,854 \cdot 10^{-12} \frac{As}{Vm}.$$

In den meisten Fällen gibt man die **relative Dielektrizitätskonstante** (oder Dielektrizitätszahl) ε_r an, die durch

$$\varepsilon = \varepsilon_r \varepsilon_0 \tag{3.18}$$

definiert ist. Eine Reihe von Zahlenwerten enthält Tabelle 3.1.

Tabelle 3.1.   Relative Dielektrizitätskonstanten ε_r

Bakelit	6
Bariumtitanat	1000 … 4000
Bernstein	2,8
Epoxidharz	3,7
Fernsprechkabelisolation (Papier, Luft)	1,6 … 2
Glas	10
Glimmer	8
Gummi	2,6
Kautschuk	2,4
Luft, Gase	1
Mineralöl	2,2
Papier, chlophen.	5,4
Papier, paraffin.	4
Pertinax	5
Polyäthylen	2,3
Polystyrol	2,5
Polyvinylchlorid	3,1
Porzellan	5,5
Starkstromkabelisolation (Papier, Öl)	3 … 4,5
Transformatoröl	2,5
Wasser	80

3.3.2   Der Gaußsche Satz der Elektrostatik

Aus Gl. (3.17) ergibt sich für den Betrag der elektrischen Verschiebungsdichte im Abstand r von einer Punktladung

$$D = \frac{Q}{4\pi r^2}.$$

Wir lösen die Gleichung nach der Ladung auf

$$Q = 4\pi r^2 D \tag{3.19}$$

und interpretieren die Gleichung so: Ist auf einer kugelförmigen Hüllfläche, in deren Mittelpunkt sich die Punktladung befindet, die Verschiebungsdichte bekannt, so liefert das Produkt aus Verschiebungsdichte und Kugeloberfläche die von der Hülle umschlossene Ladung. Bezeichnet man die Wirkung, die insgesamt von der Ladung Q ausgeht, als **elektrischen Fluß** Ψ_e, wobei $Q = \Psi_e$ sein soll, so gibt die Größe D die auf die Fläche bezogene Dichte dieses Flusses an.

Wir wollen die Vorstellung, daß von einer elektrischen Ladung ein Fluß ausgeht, nun heranziehen, um eine Verallgemeinerung der Gl. (3.19) zu finden, die keine spezielle Form der Hüllfläche mehr voraussetzt. Zunächst betrachten wir den Teilfluß $\Delta\Psi_e$, der von der in Bild 3.14

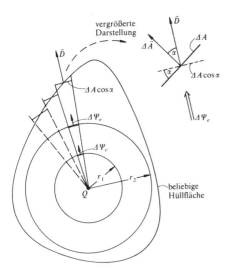

Bild 3.14.   Zur Herleitung von Gl. (3.20)

im Längsschnitt dargestellten Mantelfläche begrenzt wird. In Anlehnung an Gl. (3.19) drücken wir den Teilfluß durch die Größe D und das Flächenelement ΔA aus:

$$\Delta\Psi_e = D\,\Delta A\,.$$

(Selbstverständlich ist es gleichgültig, an welcher Stelle, gekennzeichnet durch den Radius r, der Teilfluß berechnet wird, da D mit $1/r^2$ abnimmt, ΔA jedoch mit r^2 anwächst.) Die Gleichung für $\Delta\Psi_e$ setzt voraus, daß D senkrecht auf dem Flächenelement steht. Andernfalls gilt (Bild 3.14):

$$\Delta\Psi_e = D\,\Delta A \cos\alpha\,.$$

Ordnet man dem Flächenelement einen Vektor zu, der senkrecht auf der Fläche steht, so folgt

$$\Delta\Psi_e = |\vec{D}|\,|\Delta\vec{A}|\cos(\vec{D},\Delta\vec{A}) = \vec{D}\cdot\Delta\vec{A}\,.$$

Wird nun das ganze Volumen, das von einer beliebigen Hüllfläche begrenzt sein soll, gemäß Bild 3.14 in pyramidenförmige Volumenelemente aufgeteilt, so läßt sich durch Summieren aller Teilflüsse, die aus den Volumenelementen austreten, der Gesamtfluß und damit die Ladung bestimmen:

$$Q = \Psi_e = \vec{D}_1\cdot\Delta\vec{A}_1 + \vec{D}_2\cdot\Delta\vec{A}_2 + \ldots = \sum_k \vec{D}_k\cdot\Delta\vec{A}_k\,.$$

Für immer kleinere Flächenelemente $(\Delta A_k \to 0)$ entsteht der Grenzwert der Summe, d. h. das Integral

$$Q = \oint_A \vec{D} \cdot d\vec{A} \; . \qquad \text{Gaußscher Satz} \qquad (3.20)$$

Ein solches Integral, das über eine geschlossene Fläche (eine Hüllfläche) zu erstrecken ist, nennt man oft ein **Hüllenintegral**. Man bezeichnet Gl. (3.20) als den **Gaußschen Satz der Elektrostatik**. Er gilt allgemeiner als hier hergeleitet und besagt: Der Fluß der elektrischen Verschiebungsdichte durch eine beliebige geschlossene Fläche A ist gleich den von der Fläche insgesamt umhüllten Ladungen. Zu beachten ist, daß das Flächenelement $d\vec{A}$ in Gl. (3.20) nach außen positiv gezählt werden muß.

Den Fluß, der durch eine beliebige, jedoch nicht geschlossene Fläche hindurchtritt, bestimmt man gemäß

$$\Psi_e = \int_A \vec{D} \cdot d\vec{A} \; . \qquad (3.21)$$

Als einfachste Anwendung von Gl. (3.20) sehen wir die Aufgabe an, die elektrische Verschiebungsdichte in der Umgebung einer Punktladung Q zu berechnen. Wir denken uns zu dem Zweck die Punktladung von einer konzentrischen Hüllkugel mit dem Radius r umgeben, auf der aus Gründen der Symmetrie die Größe $\vec{D}$ überall den gleichen Betrag hat und die gleiche Richtung wie das Flächenelement in demselben Punkt aufweist. Dann wird – in Übereinstimmung mit Gl. (3.19) bzw. Gl. (3.17) –

$$Q = \oint_A \vec{D} \cdot d\vec{A} = \int_A D \, dA = D(r) \int_A dA = D(r) \, 4 \, \pi \, r^2$$

oder

$$D = \frac{Q}{4 \pi r^2} \; .$$

Die letzte Zeile macht deutlich, weshalb mit Gl. (3.1) der Faktor 4π in das Coulombsche Gesetz aufgenommen wurde. Auf diese Weise erscheint dieser Faktor jetzt dort (in Verbindung mit r^2), wo man ihn eigentlich erwartet, nämlich bei Problemen, die mit der Oberfläche der Kugel zu tun haben.

3.4 Die Potentialfunktion spezieller Ladungsverteilungen

3.4.1 Die Punktladung

Die elektrische Feldstärke in der Umgebung einer **Punktladung** ist durch Gl. (3.4) gegeben. Um die zugehörige Potentialfunktion zu finden, wollen wir Gl. (3.12) anwenden. Da dieses Integral,

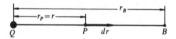

Bild 3.15. Bestimmung der Potentialfunktion einer Punktladung durch Integration entlang einer Feldlinie

wie wir gesehen hatten, wegunabhängig ist, wählen wir einen möglichst einfachen Integrationsweg: wir integrieren längs einer Feldlinie etwa von P nach B (Bild 3.15). Dann ergibt sich

$$U_{PB} = \int_P^B \vec{E} \cdot d\vec{s} = \int_P^B E(r) dr = \frac{Q}{4\pi\varepsilon} \int_P^B \frac{dr}{r^2}$$

oder

$$U_{PB} = \frac{Q}{4\pi\varepsilon}\left(\frac{1}{r_P} - \frac{1}{r_B}\right).$$

Die Spannung bzw. Potentialdifferenz zwischen einem beliebigen Punkt P und einem festen Bezugspunkt B, der willkürlich gewählt sein kann, ist dann:

$$U_{PB} = \Phi(P) - \Phi(B) = \frac{Q}{4\pi\varepsilon}\frac{1}{r} - \frac{Q}{4\pi\varepsilon}\frac{1}{r_B},$$

wobei der Index P bei r_P fortgelassen wurde. Solange ein Bezugspunkt nicht festgelegt und diesem kein Potentialwert zugeordnet ist, schreiben wir einfacher

$$\Phi(P) = \frac{Q}{4\pi\varepsilon}\frac{1}{r} + konst. \tag{3.22a}$$

Das gleiche Ergebnis erhält man, wenn man von Gl. (3.13) ausgeht und eine unbestimmte Integration durchführt. Die dabei auftretende Integrationskonstante macht deutlich, daß zu einem bestimmten elektrischen Feld beliebig viele Potentialfunktionen angebbar sind, die sich alle durch einen konstanten Summanden voneinander unterscheiden. Es ist üblich, sehr weit entfernten Punkten oder dem leitenden Erdboden das Potential Null zuzuordnen. Für das Beispiel der Punktladung liefert die Festsetzung $\Phi \to 0$ für $r \to \infty$, daß die Konstante Null sein muß:

$$\Phi(P) = \frac{Q}{4\pi\varepsilon}\frac{1}{r}. \tag{3.22b}$$

3.4.2 Der Dipol

Zwei gleich große Punktladungen entgegengesetzten Vorzeichens, die voneinander einen sehr geringen Abstand haben, bilden einen elektrischen **Dipol** (Bild 3.16). Da die Lösung für eine Ladung bekannt ist (3.22a), führt das Superpositionsprinzip zu folgendem Ansatz:

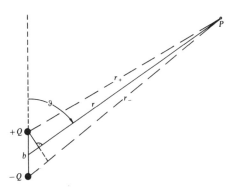

Bild 3.16.   Zur Herleitung der Potentialfunktion eines Dipols

$$\Phi(P) = \frac{Q}{4\pi\varepsilon}\frac{1}{r_+} - \frac{Q}{4\pi\varepsilon}\frac{1}{r_-}$$

oder

$$\Phi(P) = \frac{Q}{4\pi\varepsilon}\frac{r_- - r_+}{r_- r_+}\,.$$

Die willkürlichen Konstanten haben wir hier von vornherein gleich Null gesetzt. Wird nun der Abstand b sehr klein gemacht, so folgt $r_+ \approx r_- \approx r$, $r_- - r_+ \approx b\cos\vartheta$ und somit

$$\Phi(P) \approx \frac{Q\cdot b}{4\pi\varepsilon}\cdot\frac{\cos\vartheta}{r^2}\,.$$

Läßt man nun b gegen Null streben $(b\to 0)$ und gleichzeitig Q so anwachsen $(Q\to\infty)$, daß das Produkt $Q\cdot b$ endlich bleibt, so erhält man die Potentialfunktion des elektrischen Dipols

$$\Phi(P) = \frac{p}{4\pi\varepsilon}\frac{\cos\vartheta}{r^2} \text{ mit } p = Q\cdot b\,, \tag{3.23}$$

wobei man die Größe p das **elektrische Dipolmoment** nennt.

Bei einem Vergleich der Potentialfunktionen nach Gl. (3.22 b) und Gl. (3.23) fällt auf, daß bei der Punktladung das Potential mit $1/r$ abnimmt, bei dem Dipol wesentlich stärker, nämlich mit $1/r^2$. Das ist damit zu erklären, daß sich die Wirkungen der beiden Ladungen entgegengesetzten Vorzeichens mit zunehmendem Abstand immer mehr gegenseitig aufheben.

3.4.3 Die Linienladung

Denkt man sich sehr viele Punktladungen auf einer geraden Linie in gleichmäßiger Verteilung angeordnet, wobei der Abstand zwischen zwei benachbarten Punktladungen gegen Null gehen soll, so gelangt man zu einer elektrischen **Linienladung**. Die auf die Länge bezogene Ladung bezeichnet man als **Linienladungsdichte**:

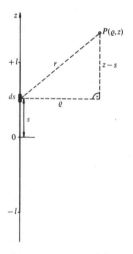

Bild 3.17. Zur Herleitung der Potentialfunktion einer Linienladung der Länge $2l$

$$\lambda = \lim_{\Delta s \to 0} \frac{\Delta Q}{\Delta s} = \frac{dQ}{ds} \,. \tag{3.24}$$

Es liegt nun nahe, die Potentialfunktion einer Linienladung der Länge $2\,l$ (Bild 3.17) auch mit Hilfe des Superpositionsprinzips zu bestimmen, indem man aus der Linienladung ein Ladungselement $\lambda\,ds$ herausgreift und für dieses gemäß Gl. (3.22 b) den Ansatz

$$d\Phi(P) = \frac{\lambda\,ds}{4\,\pi\,\varepsilon}\,\frac{1}{r}$$

aufschreibt und dann über die Länge der Linienladung integriert. Man erhält mit den Bezeichnungen nach Bild 3.17 das Integral

$$\Phi(P) = \frac{\lambda}{4\,\pi\,\varepsilon} \int\limits_{-l}^{+l} \frac{ds}{[\varrho^2 + (z-s)^2]^{1/2}} \,,$$

dessen Berechnung offensichtlich Schwierigkeiten bereitet.

Da in den praktischen Anwendungen häufig Linienleiter sehr großer Länge auftreten, wollen wir uns diesem Sonderfall zuwenden und ihn auf einfachere Weise mit Gl. (3.20) lösen. Diese Gleichung kann, wie wir bereits gesehen haben, nur dann erfolgreich zur Bestimmung von $\vec{D}$ angewendet werden, wenn der Feldverlauf im Prinzip bekannt ist. Dann nämlich läßt sich die Hüllfläche so wählen, daß auf ihr die Größe D eine Konstante ist. Damit kann D vor das Integral geschrieben werden. Das Feld ist hier offensichtlich **radialsymmetrisch.** Daher denken wir uns den linienförmigen Leiter koaxial von einem Zylinder umgeben, wie Bild 3.18 es zeigt. Das

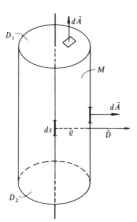

Bild 3.18.   Zur Herleitung der Potentialfunktion einer Linienladung sehr großer Länge

Feld hat dann auf der Mantelfläche M des gedachten Zylinders überall die gleiche Richtung wie das Flächenelement $d\vec{A}$ in demselben Punkt und ist dem Betrage nach konstant. Damit wird der Beitrag des Mantels zum Integral (3.20):

$$\int\limits_{M} \vec{D}\,d\vec{A} = \int\limits_{M} D(\varrho)\,dA = D(\varrho) \int\limits_{M} dA = D(\varrho)\,2\,\pi\,\varrho \cdot l \,.$$

Hierbei ist $2\,\pi\,\varrho \cdot l$ die Fläche des Zylindermantels. Auf den beiden Deckflächen des Zylinders

D_1 und D_2 stehen die Flächenelemente senkrecht auf den Feldvektoren und liefern also keinen Beitrag zum Oberflächenintegral. Für die linke Seite des Integrals (3.20) ergibt sich insgesamt

$$D(\varrho) \cdot 2\pi\varrho \cdot l$$

und für die rechte Seite, also für die von der Hüllfläche umschlossene Ladung,

$$\lambda \cdot l .$$

Nach Gleichsetzen und Auflösen folgt für die Verschiebungsdichte

$$D(\varrho) = \frac{\lambda}{2\pi\varrho} \tag{3.25}$$

und mit (3.16) für die elektrische Feldstärke

$$E(\varrho) = \frac{\lambda}{2\pi\varepsilon} \cdot \frac{1}{\varrho} . \tag{3.26}$$

Jetzt benutzen wir wieder (wie bei der Bestimmung des Potentials der Punktladung) Gl. (3.13) und führen eine unbestimmte Integration längs einer Feldlinie durch

$$\Phi(P) = -\int E(\varrho)\,d\varrho = -\frac{\lambda}{2\pi\varepsilon}\int \frac{d\varrho}{\varrho}$$

und erhalten

$$\boxed{\Phi(P) = \frac{\lambda}{2\pi\varepsilon}\ln\frac{1}{\varrho} + konst} . \tag{3.27}$$

Hier fällt auf, daß das Argument des Logarithmus keine reine Zahl ist, sondern die Größe $1/\varrho$. Dieser Schönheitsfehler läßt sich beseitigen, wenn man an Stelle von Gl. (3.27) schreibt:

$$\Phi(P) = \frac{\lambda}{2\pi\varepsilon}\left(\ln\frac{1}{\varrho} + \ln const\right) = \frac{\lambda}{2\pi\varepsilon}\ln\frac{const}{\varrho} .$$

Setzt man hier ϱ und *const* jeweils als Produkt aus Zahlenwert und Einheit ein, so kürzen sich die Maßeinheiten heraus und das Argument des Logarithmus wird ein reiner Zahlenwert.
Anmerkung: In diesem Abschnitt wurde die Größe ϱ in der Bedeutung eines Achsenabstandes verwendet. Im Gegensatz dazu hatten wir den Abstand von einem Punkt mit r bezeichnet. Wir wollen diese Unterscheidung beibehalten, zumal eine Verwechslung mit dem spezifischen Widerstand ϱ nicht zu befürchten ist.

3.5 Influenzwirkungen

Bringt man in ein elektrisches Feld, das z. B. zwischen zwei geladenen Platten besteht, einen ungeladenen Leiter, so wandern unter der Einwirkung der elektrischen Kräfte die Leitungselektronen (»Elektronengas«) zu der Seite des Leiters, die der positiv geladenen Platte zugewandt ist. Die andere Seite des Leiters, die der negativ geladenen Platte am nächsten liegt, weist damit einen Elektronenmangel auf. Der Einfachheit halber sagen wir: Der ungeladene Leiter trägt gleich viele positive wie negative Ladungen; diese werden unter der Einwirkung eines äußeren elektrischen Feldes getrennt und verteilen sich so auf der Leiteroberfläche, daß das Leiterinnere feldfrei wird. Das bedeutet: Das äußere Feld und das den jetzt getrennten Ladungen des

Leiters zugeordnete Feld heben sich im Leiterinneren gerade auf. Diesen Vorgang bezeichnet man als **Influenz**.

Experimentell läßt sich die Influenzwirkung leicht vorführen, indem man in ein elektrisches Feld zwei ungeladene Leiterplatten bringt, die sich zunächst berühren. Trennt man nun diese Leiterplatten im Feld, wie es Bild 3.19 zeigt, und entfernt sie anschließend aus dem Feld, so

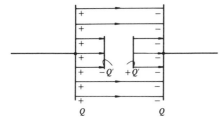

Bild 3.19. Influenz

kann man durch Messung die beiden im Bild mit $+Q'$ und $-Q'$ bezeichneten Ladungen nachweisen.

Ist ein stabförmiger ungeladener Leiter einem elektrischen Feld ausgesetzt, das eine Komponente in Leiterrichtung aufweist und sein Vorzeichen ständig ändert, so wechseln auch die influenzierten Ladungen ständig ihr Vorzeichen: Es muß also ein Wechselstrom durch den Leiter fließen, den man durch ein etwa in der Mitte des Leiterstabes eingefügtes Meßgerät auch messen kann. Denkt man sich das Meßgerät durch einen Rundfunkempfänger ersetzt, so entspricht der betrachtete Leiterstab offensichtlich einer Antenne.

Wir betrachten noch einmal einen beliebigen ungeladenen Leiter, auf dem die Ladungen durch ein äußeres Feld getrennt worden sind. Sorgt man jetzt dafür, daß ein Teil der Ladungen von dem Leiter abfließen kann, so daß schließlich auf dem Leiter Ladungen eines Vorzeichens vorherrschen, so spricht man von einer Aufladung des Leiters durch Influenz.

3.6 Die Kapazität

3.6.1 Die Definition der Kapazität

Bei den bisher behandelten Anordnungen waren die Ladungen in einigen Punkten konzentriert (Punktladungen) oder auf einer Linie angeordnet (Linienladungen). Jetzt betrachten wir räum-

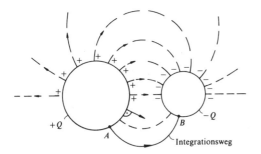

Bild 3.20. Kondensator; Feldlinien gestrichelt

lich ausgedehnte leitende Körper, die an ihren Oberflächen Ladungen tragen. Ein einfaches Beispiel ist in Bild 3.20 dargestellt: Zwei voneinander isolierte Leiter tragen insgesamt die Ladungen $+Q$ bzw. $-Q$. Eine solche Anordnung nennt man einen **Kondensator** und bezeichnet die beiden Leiter als die Elektroden des Kondensators.

Auf Grund des Coulombschen Gesetzes wirken auf die einzelnen Ladungsträger Kräfte: Gleichartige Ladungsträger innerhalb eines Leiters stoßen sich gegenseitig ab, die positiven Ladungsträger der linken Elektrode ziehen die negativen Ladungsträger der rechten Elektrode an. Damit kommt auf den Leiteroberflächen eine Ladungsverteilung zustande, wie sie in Bild 3.20 skizziert ist. Im statischen Fall hat der leitende Körper ein konstantes Potential. Bestünden im oder auf dem Leiter noch Potentialunterschiede, so würden nach dem Ohmschen Gesetz Ströme fließen, bis sich ein Gleichgewichtszustand eingestellt hat. Im statischen Fall ist also das Leiterinnere feldfrei und damit auch frei von Ladungen. Diese befinden sich alle an der Leiteroberfläche, und zwar in einer solchen Verteilung, daß die Leiteroberfläche eine Fläche konstanten Potentials (Äquipotentialfläche) wird. Damit steht gemäß Beispiel 3.3 die elektrische Feldstärke senkrecht auf der Leiteroberfläche.

Es liegt nun nahe, daß die Spannung zwischen den beiden Elektroden des Kondensators mit der Ladung Q in einem Zusammenhang steht. Wir schreiben das Integral (3.12) für den in Bild 3.20 dargestellten Integrationsweg auf und berücksichtigen (3.16):

$$U_{AB} = \int_A^B E\,ds = \int_A^B \frac{D}{\varepsilon}\,ds\,.$$

Offensichtlich ist die Verschiebungsdichte D proportional der das Feld erregenden Ladung; das war in Abschnitt 3.3.1 für eine spezielle Anordnung gezeigt worden. Damit folgt $U_{AB} \sim Q$ oder

$$\boxed{Q = C\,U}\,. \tag{3.28}$$

Den Proportionalitätsfaktor C nennt man die **Kapazität** des Kondensators. C wird als positive Größe definiert.

Aus (3.28) ergibt sich als mögliche Einheit für die Kapazität

$$[C] = \frac{[Q]}{[U]} = \frac{\text{As}}{\text{V}}\,.$$

Da diese Einheit häufig vorkommt, hat man die abkürzende Bezeichnung eingeführt

$$1\,\frac{\text{As}}{\text{V}} = 1\,\text{Farad} = 1\,\text{F}\,.$$

Diese Einheit ist für praktische Zwecke viel zu groß, weshalb man fast ausschließlich mit den um Zehnerpotenzen kleineren Maßeinheiten µF, nF, pF arbeitet.

3.6.2 Parallel- und Reihenschaltung von Kapazitäten

Werden mehrere Kondensatoren, die in Bild 3.21 durch ihr Schaltsymbol dargestellt sind, parallel an eine Spannungsquelle mit der Spannung U gelegt, so nimmt der erste nach Gl. (3.28) die Ladung $Q_1 = U C_1$ auf, der zweite die Ladung $Q_2 = U C_2$ usw. Insgesamt speichert die Parallelschaltung der drei Kondensatoren die Ladung

$$Q = U C_1 + U C_2 + U C_3 = U(C_1 + C_2 + C_3)\,.$$

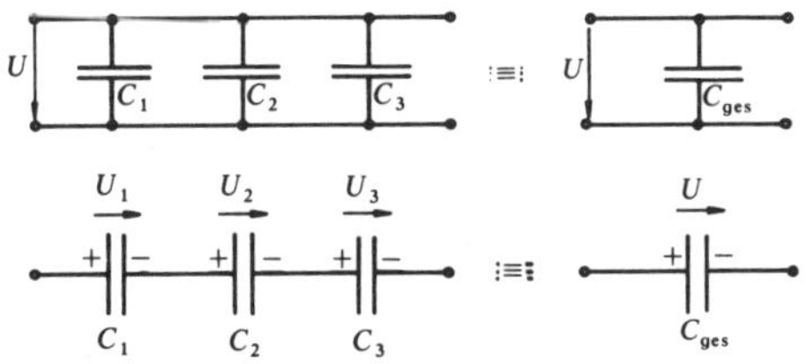

Bild 3.21. Parallel- und Reihenschaltung von Kapazitäten

Die gleichwertige Kapazität C_{ges} soll bei gleicher Spannung die gleiche Ladung aufnehmen:

$$Q = U C_{ges}.$$

Nach Gleichsetzen der Ladungen und Division durch U hat man

$$C_{ges} = C_1 + C_2 + C_3$$

und schließlich ganz allgemein für die Parallelschaltung aus n Kapazitäten:

$$\boxed{C_{ges} \equiv C = \sum_{k=1}^{n} C_k}. \qquad (3.29)$$

Nun sollen mehrere ungeladene Kondensatoren in Reihe geschaltet und dann an eine Spannungsquelle angeschlossen werden (Bild 3.21). Zuerst überlegen wir, welche Ladungen die Kondensatoren jetzt speichern. Trägt die linke Platte des ersten Kondensators die Ladung $+Q$, so werden auf den beiden folgenden Platten, die insgesamt ungeladen sind, die Ladungen $-Q$ und $+Q$ influenziert usw. D. h. auf allen Kondensatoren befindet sich die gleiche Ladung Q. Damit liegt nach Gl. (3.28) am ersten Kondensator die Spannung $U_1 = Q/C_1$ an, am zweiten die Spannung $U_2 = Q/C_2$ usw. Da die Spannungen sich bei einer Reihenschaltung addieren, folgt

$$U = \frac{Q}{C_1} + \frac{Q}{C_2} + \frac{Q}{C_3} = Q\left(\frac{1}{C_1} + \frac{1}{C_2} + \frac{1}{C_3}\right).$$

Die gleichwertige Kapazität C_{ges} soll bei gleicher Ladung die gleiche Spannung zwischen den Anschlußklemmen aufweisen:

$$U = \frac{Q}{C_{ges}}.$$

Durch Gleichsetzen ergibt sich

$$\frac{1}{C_{ges}} = \frac{1}{C_1} + \frac{1}{C_2} + \frac{1}{C_3}$$

und in allgemeinerer Form für n Kapazitäten:

$$\boxed{\frac{1}{C_{ges}} \equiv \frac{1}{C} = \sum_{k=1}^{n} \frac{1}{C_k}}. \qquad (3.30)$$

3.6.3 Die Kapazität spezieller Anordnungen

3.6.3.1 Der Plattenkondensator

Wir betrachten zuerst einen Plattenkondensator, der gemäß Bild 3.22a aufgebaut ist (die Platten brauchen jedoch keine Kreisscheiben zu sein). Die Vorschrift zur Berechnung der Kapazität ergibt sich aus Gl. (3.28):

$$C = \frac{Q}{U}.$$
(3.31)

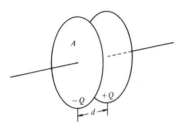

Bild 3.22a. Plattenkondensator

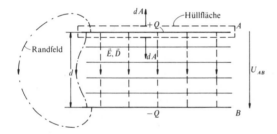

Bild 3.22b. Plattenkondensator. Feldlinien – – – –, Potentiallinien ———

Wir können uns also eine Ladung Q vorgeben, die sich dann einstellende Spannung berechnen und den Quotienten nach Gl. (3.31) bilden.

Um diese Vorstellung im Fall des Plattenkondensators heranziehen zu können, idealisieren wir die Aufgabe gemäß Bild 3.22b; wir sehen also das Feld als homogen an und vernachlässigen die Feldverzerrungen am Rand des Kondensators (im Bild durch zwei strichpunktierte Feldlinien veranschaulicht). Um die zu der Ladung Q gehörende Verschiebungsdichte zu bestimmen, wenden wir Gl. (3.20) auf die in das Bild eingetragene Hüllfläche an und erhalten

$$Q = DA,$$

wobei A die Plattenfläche (einseitig!) bedeutet. Der obere Teil der Hüllfläche liefert keinen Beitrag, da hier die Verschiebungsdichte Null ist. Mit Gl. (3.16) wird

$$D = \frac{Q}{A} \rightarrow E = \frac{Q}{\varepsilon A}.$$

Die Spannung ergibt sich z. B. mit Gl. (3.6) ($\Delta s = d$) zu

$$U = \frac{Q}{\varepsilon A} d, \qquad \int E\, ds$$

woraus durch Umformen $C = Q/U$ entsteht, also

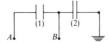

$$C = \frac{\varepsilon A}{d}. \tag{3.32}$$

Beispiel 3.5

Parallelschaltung von Kondensatoren

Vorgegeben sind zwei Plattenkondensatoren mit den Daten A_1, d_1, ε_1 und A_2, d_2, ε_2 (Bild 3.23). Zuerst erteilt man dem Anschluß B das Potential Φ_1, wobei Anschluß A isoliert bleibt. Dann wird Anschluß A geerdet. Auf welchen Wert fällt das Potential des Anschlusses B jetzt ab?

Bild 3.23.   Zu Beispiel 3.5

Lösung:

Kondensator (2) erhält die Ladung

$$Q = C_2 \Phi_1.$$

Nach Erdung des Anschlusses A (entspricht einer Parallelschaltung von C_1 und C_2) wird

$$\Phi_{neu} = \frac{Q}{C_{ges}} = \Phi_1 \cdot \frac{C_2}{C_2 + C_1} = \Phi_1 \frac{\varepsilon_2 A_2 / d_2}{\varepsilon_2 A_2 / d_2 + \varepsilon_1 A_1 / d_1} = \frac{\varepsilon_2 A_2 d_1}{\varepsilon_2 A_2 d_1 + \varepsilon_1 A_1 d_2} \Phi_1.$$

Beispiel 3.6

Reihenschaltung von Kondensatoren

Zwei gleiche, anfangs ungeladene Plattenkondensatoren ($\varepsilon = \varepsilon_0$) werden in Reihe geschaltet und an eine Batterie der Spannung U angeschlossen. Man zeige, daß sich das Potential des die beiden Kondensatoren verbindenden Drahtes um $\dfrac{1}{2} \dfrac{\varepsilon_r - 1}{\varepsilon_r + 1} U$ ändert, wenn bei einem der beiden Kondensatoren der Raum zwischen den Platten vollständig mit einem Dielektrikum ($\varepsilon = \varepsilon_0 \varepsilon_r$) ausgefüllt wird.

Lösung:

Anfangs liegt an beiden Kondensatoren die Spannung $U/2$ an. Nach Einbringen des Dielektrikums wird die Ladung

$$Q_{neu} = U \cdot C_{ges} = \frac{U}{\dfrac{1}{C} + \dfrac{1}{\varepsilon_r C}} = \frac{U C}{1 + \dfrac{1}{\varepsilon_r}}.$$

Damit folgt für die Spannung an dem Kondensator mit $\varepsilon = \varepsilon_0 \varepsilon_r$

$$U_2 = \frac{Q_{neu}}{\varepsilon_r C}$$

und für die Änderung der Spannung (Potentialdifferenz):

$$\Delta U = \frac{U}{2} - U_2 = \frac{U}{2} - \frac{Q_{neu}}{\varepsilon_r C} = \frac{U}{2} - \frac{1}{\varepsilon_r C} \cdot \frac{UC}{1 + 1/\varepsilon_r} = \underline{\underline{\frac{U}{2} \frac{\varepsilon_r - 1}{\varepsilon_r + 1}}}.$$

3.6.3.2 Der Kugelkondensator

Ein Kugelkondensator ist aus zwei konzentrisch angeordneten kugelförmigen Leitern aufgebaut: Bild 3.24.

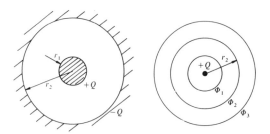

Bild 3.24. Kugelkondensator; gleiche Feld- und Potentialverteilung wie bei der Punktladung

Wir wenden jetzt im Grunde die gleichen Überlegungen wie im vorstehenden Abschnitt an. Die Verschiebungsdichte läßt sich, da das Feld Kugelsymmetrie aufweist, leicht ermitteln. Man wendet Gl. (3.20) auf eine konzentrische Kugel an, die zwischen beiden Elektroden zu denken ist und den Radius r hat. Das wurde am Ende von Abschnitt 3.3.2 bereits vorgeführt:

$$D = \frac{Q}{4\pi r^2} \rightarrow E = \frac{Q}{4\pi\varepsilon} \frac{1}{r^2}.$$

(Die Ladung auf der äußeren Elektrode geht in Gl. (3.20) nicht ein, da sie ja außerhalb der Hüllfläche liegt.)

Die Spannung zwischen den Elektroden, also zwischen $r = r_1$ und $r = r_2$, folgt durch eine Integration, die uns in Abschnitt 3.4.1 schon begegnet ist:

$$U_{PB} \rightarrow U_{r_1, r_2} = \frac{Q}{4\pi\varepsilon}\left(\frac{1}{r_1} - \frac{1}{r_2}\right).$$

Wären wir von der Potentialfunktion nach Gl. (3.22a) ausgegangen, so hätten wir noch die Grenzen r_1 und r_2 einsetzen müssen und

$$U_{r_1, r_2} = \Phi(r_1) - \Phi(r_2) = \frac{Q}{4\pi\varepsilon}\left(\frac{1}{r_1} - \frac{1}{r_2}\right)$$

erhalten, also genau dasselbe Ergebnis. Die gesuchte Kapazität wird

$$C = \frac{4\pi\varepsilon}{\dfrac{1}{r_1} - \dfrac{1}{r_2}} = \frac{4\pi\varepsilon r_1 r_2}{r_2 - r_1}. \tag{3.33}$$

Als Sonderfall notieren wir die Kapazität einer Kugel gegenüber der sehr weit entfernten Umgebung $(r_2 \rightarrow \infty)$:

$$C = 4\pi\varepsilon r_1. \tag{3.34}$$

Beispiel 3.7

Kugelkondensator maximaler Kapazität
Zwischen den Elektroden eines Kugelkondensators mit den Radien a und r $(a < r)$ befindet sich ein Dielektrikum mit $\varepsilon_0 \cdot \varepsilon_r$ und der Durchschlagfeldstärke E_{max}.
Man wähle den Radius r so, daß bei vorgegebener Kondensatorspannung U die Kapazität einen maximalen Wert hat, ohne daß die elektrische Feldstärke an irgendeiner Stelle im Dielektrikum größer als E_{max} wird.

Lösung:
Aus dem Zusammenhang zwischen E_{max} und Q ergibt sich:

$$E_{max} = \frac{Q_{max}}{4\pi\varepsilon \cdot a^2} \rightarrow Q_{max} = E_{max} \cdot 4\pi\varepsilon \cdot a^2 \,.$$

Die Spannung zwischen den Elektroden beträgt:

$$U = \frac{Q_{max}}{4\pi\varepsilon}\left(\frac{1}{a} - \frac{1}{r}\right) = E_{max} \cdot a^2\left(\frac{1}{a} - \frac{1}{r}\right) \rightarrow \frac{1}{r} = \frac{1}{a}\left(\frac{-U/a}{E_{max}} + 1\right).$$

Mit dem errechneten Wert für r folgt für die maximale Kapazität:

$$C = \frac{4\pi\varepsilon}{\dfrac{1}{a} - \dfrac{1}{r}} = \frac{4\pi\varepsilon}{\dfrac{1}{a} - \dfrac{1}{a}\left(\dfrac{-U/a}{E_{max}} + 1\right)} \rightarrow C = \frac{4\pi\varepsilon a^2}{U/E_{max}}\,.$$

3.6.3.3 Das Koaxialkabel

Zwei konzentrische zylindrische Leiter, wie sie in Bild 3.25a im Querschnitt dargestellt sind, bilden ein Koaxialkabel. Der Innenleiter soll die auf die Länge bezogene Ladung $+\lambda$ tragen, der Außenleiter die Ladung $-\lambda$. Wir unterstellen eine sehr große Länge des Kabels, so daß die Feldverzerrungen am Anfang und Ende des Kabels vernachlässigt werden können.

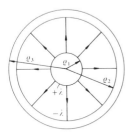

Bild 3.25a. Koaxialkabel

Da das Feld zylindersymmetrisch ist, wird die Auswertung von Gl. (3.20) sehr einfach, wenn wir als Hüllfläche einen koaxialen Zylinder mit dem Radius ϱ vorsehen, der zwischen beiden Elektroden liegt. Die weiteren Überlegungen entsprechen denen, die in Abschnitt 3.4.3 zu der Potentialfunktion nach Gl. (3.27) geführt haben. Wir brauchen nur noch die Spannung auszurechnen

$$U_{\varrho_1,\varrho_2} = \Phi(\varrho_1) - \Phi(\varrho_2) = \frac{\lambda}{2\pi\varepsilon}\ln\frac{\varrho_2}{\varrho_1}$$

und nach der Kapazität aufzulösen. Wir berechnen jetzt λ/U, also eine Kapazität pro Länge, die wir mit C' bezeichnen:

$$\frac{\lambda}{U} = \frac{C}{l} = C'.$$

Das gesuchte Ergebnis lautet:

$$C' = \frac{2\pi\varepsilon}{\ln\dfrac{\varrho_2}{\varrho_1}}. \tag{3.35}$$

Vor allem durch das letzte Beispiel ist deutlich geworden, daß die Kapazitätsberechnung sehr leicht durchzuführen ist, wenn die zu der vorgegebenen Anordnung gehörende Potentialfunktion bekannt ist. Dann hat man

$$C = \frac{Q}{\Phi_+ - \Phi_-} \quad \text{bzw.} \quad C' = \frac{\lambda}{\Phi_+ - \Phi_-}. \tag{3.36}$$

$$c = \frac{Q}{u}$$
$$Q = uc = \lambda \cdot \varrho$$

Φ_+ und Φ_- bedeuten die Potentialwerte auf der positiven bzw. negativen Elektrode des Kondensators. Für eine positive Ladung Q bzw. λ ergibt sich die Kapazität positiv, wie es sein muß.

Beispiel 3.8

Koaxialkabel mit geschichtetem Dielektrikum

Das Dielektrikum eines Koaxialkabels besteht aus zwei Schichten (Bild 3.25 b).
a) Wie groß ist die Kapazität des Kabels?

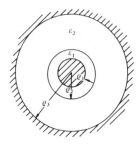

Bild 3.25b.   Koaxialkabel mit geschichtetem Dielektrikum

b) Wie groß sind die maximalen Feldstärken in beiden Dielektrika? Die Spannung U zwischen Hin- und Rückleiter ist als gegeben anzusehen.
c) Wie muß die Größe ϱ_2 gewählt werden, damit die beiden unter b) ermittelten Feldstärken gleich groß werden?

Lösung:
a) Mit Gl. (3.26) bzw. (3.27) wird

$$U = \frac{\lambda}{2\pi\varepsilon_1}\int_{\varrho_1}^{\varrho_2}\frac{d\varrho}{\varrho} + \frac{\lambda}{2\pi\varepsilon_2}\int_{\varrho_2}^{\varrho_3}\frac{d\varrho}{\varrho} = \frac{\lambda}{2\pi}\left(\frac{1}{\varepsilon_1}\ln\frac{\varrho_2}{\varrho_1} + \frac{1}{\varepsilon_2}\ln\frac{\varrho_3}{\varrho_2}\right)$$

und wegen Gl. (3.36)

$$C' = \frac{2\pi}{\dfrac{1}{\varepsilon_1}\ln\dfrac{\varrho_2}{\varrho_1} + \dfrac{1}{\varepsilon_2}\ln\dfrac{\varrho_3}{\varrho_2}} \cdot \quad = \frac{\lambda}{u}$$

b) Mit Gl. (3.26) folgt für die Maximalwerte bei $\varrho = \varrho_1$, $\varrho = \varrho_2$:

$$E_1(\varrho_1) = \frac{\lambda}{2\pi\varepsilon_1\varrho_1}, \quad E_2(\varrho_2) = \frac{\lambda}{2\pi\varepsilon_2\varrho_2} \cdot$$

c) $E_1(\varrho_1) = E_2(\varrho_2)$ für $\varepsilon_1\varrho_1 = \varepsilon_2\varrho_2 \rightarrow \varrho_2 = \dfrac{\varepsilon_1}{\varepsilon_2}\varrho_1$.

(Voraussetzung: $\varepsilon_1 > \varepsilon_2$.)

3.7 Spezielle Methoden der Feldberechnung

3.7.1 Das Prinzip der Materialisierung

Bei der Bestimmung der Kapazitäten von Kugel- und Zylinderkondensator hat sich gezeigt, daß der Rechnungsgang fast vollständig mit dem übereinstimmt, der bei der Ermittlung der Potentialfunktionen von Punkt- und Linienladung einzuschlagen ist. Das legt die Vermutung nahe, daß wir auch unmittelbar von den bekannten Potentialfunktionen einfacher Ladungsverteilungen ausgehen können, sofern nur die Feldstruktur der komplizierteren Anordnung, die untersucht werden soll, der der bekannten Potentialfunktion entspricht.

Wir wollen diese Vorstellungen durch ein Gedankenexperiment verdeutlichen. Wir betrachten die in Bild 3.24 dargestellte Potentialverteilung in der Umgebung einer Punktladung und denken uns etwa die Potentialfläche mit dem Radius r_2 materialisiert: D. h. es soll die ursprüngliche Anordnung durch eine konzentrische ungeladene leitende Hohlkugel von ganz geringer Wandstärke ergänzt werden. An dem Feld in der Umgebung der Punktladung ändert sich dadurch nichts, denn durch Influenz werden auf der Innenseite der Hohlkugel negative Ladungen entstehen und auf der Außenseite gleich viele positive. Der von der Punktladung Q ausgehende elektrische Fluß endet in den negativen influenzierten Ladungen, während die positiven Influenzladungen außerhalb der Hohlkugel genau das gleiche Feld zur Folge haben, das vor dem Einfügen der Hohlkugel existierte (Bild 3.26, rechter Teil).

Besteht nun die Hohlkugel aus zwei dünnen, sich berührenden Folien, so daß man sich vorstellen kann, daß etwa die innere Folie mit den negativen Influenzladungen und außerdem die Punktladung Q entfernt werden, so bleibt die äußere Folie mit den positiven Ladungsträgern übrig (Bild 3.26, mittlerer Teil). Das Feld außerhalb der Kugel stimmt mit dem ursprünglichen überein, während das Kugelinnere jetzt feldfrei ist.

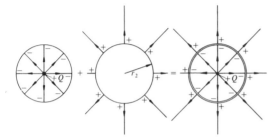

Bild 3.26. Prinzip der Materialisierung; Superposition

Bei Entfernen der äußeren Folie mit den positiven Influenzladungen entsteht die in Bild 3.26, linker Teil, dargestellte Hohlkugel, die eine Punktladung $+Q$ umgibt und auf ihrer Innenfläche die Ladung $-Q$ trägt.

Damit lassen sich durch die Potentialfunktion der Punktladung die Felder der beiden in Bild 3.26, linker und mittlerer Teil, dargestellten Anordnungen beschreiben. Zu beachten ist dabei, daß die Lösung im ersten Fall nur für den Bereich $0 \leq r \leq r_2$ gilt, im zweiten für den Bereich $r_2 \leq r$. Das hier besprochene Verfahren, das im wesentlichen von der Vorstellung Gebrauch macht, daß man Äquipotentialflächen durch ungeladene leitende Flächen ersetzen kann, ohne daß sich dadurch die Feldverteilung ändert, nennt man vielfach das **Prinzip der Materialisierung.**

Als erste Anwendung soll die Kapazität zwischen den Leitern einer sehr langen Doppelleitung berechnet werden, wenn beide Leiter sehr dünn sind und den Radius ϱ_0 haben. Der Abstand zwischen den Leiterachsen beträgt d. Wir denken uns das Feld von den beiden Linienladungen $+\lambda$ und $-\lambda$ erzeugt und wollen zwei Potentialflächen als materialisiert ansehen, die dann die Leiteroberflächen bilden sollen. Wir benutzen Gl. (3.27) und überlagern die Potentialfunktionen der beiden Linienladungen:

$$\Phi = \frac{\lambda}{2\pi\varepsilon} \ln \frac{1}{\varrho_+} - \frac{\lambda}{2\pi\varepsilon} \ln \frac{1}{\varrho_-} + K$$

oder

$$\Phi = \frac{\lambda}{2\pi\varepsilon} \ln \frac{\varrho_-}{\varrho_+} + K . \tag{3.37}$$

K ist eine willkürliche Konstante. Bild 3.27 zeigt das zu dieser Gleichung gehörende Feldbild. Die Potentiallinien sind durch konstante Potentialwerte gekennzeichnet; das bedeutet hier

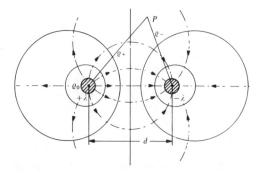

Bild 3.27.   Feld zweier Linienladungen entgegengesetzten Vorzeichens; Doppelleitung

wegen Gl. (3.37), daß für jede Potentiallinie der Quotient ϱ_-/ϱ_+ eine bestimmte Konstante sein muß. Nach einem Satz aus der Geometrie (Satz des Apollonius) sind damit die Potentiallinien Kreise. Ihre Mittelpunkte fallen leider nicht mit der Lage unserer Linienladungen zusammen. Nur Potentiallinien mit sehr kleinem Radius sind näherungsweise konzentrisch zu den Linienladungen. Will man also die Oberflächen der vorgegebenen Leiter, in deren Achsen wir uns die Linienladungen denken, durch materialisierte Potentialflächen annähern, so wird diese Annäherung um so besser, je kleiner ϱ_0 im Vergleich zu d gewählt wird. Unter dieser Voraussetzung bestimmen wir jetzt Φ_+ und Φ_-, indem wir den Aufpunkt P zuerst auf den linken Leiter legen ($\varrho_+ = \varrho_0$, $\varrho_- \approx d$) und mit Gl. (3.37)

$$\Phi_+ = \frac{\lambda}{2\pi\varepsilon} \ln \frac{d}{\varrho_0} + K$$

erhalten und entsprechend für den rechten Leiter $(\varrho_+ \approx d,\ \varrho_- = \varrho_0)$

$$\Phi_- = \frac{\lambda}{2\pi\varepsilon}\ln\frac{\varrho_0}{d} + K$$

ermitteln. Nach Einsetzen in Gl. (3.36) hat man

$$\boxed{C' = \frac{\pi\varepsilon}{\ln\dfrac{d}{\varrho_0}}} \quad (d \gg \varrho_0). \tag{3.38}$$

Als nächstes Beispiel betrachten wir zwei sehr lange Linienladungen gleicher Größe und gleichen Vorzeichens. Mit den in Bild 3.28 angegebenen Bezeichnungen lautet die Potentialfunktion, wenn wir von Gl. (3.27) ausgehen und die Teilpotentiale überlagern:

$$\Phi = \frac{\lambda}{2\pi\varepsilon}\ln\frac{1}{\varrho_1} + \frac{\lambda}{2\pi\varepsilon}\ln\frac{1}{\varrho_2} + K$$

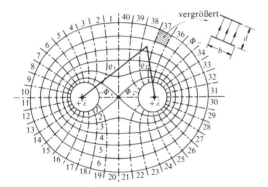

Bild 3.28. Feld zweier Linienladungen gleichen Vorzeichens (Feldlinien ----, Potentiallinien ——)

oder

$$\Phi = \frac{\lambda}{2\pi\varepsilon}\ln\frac{1}{\varrho_1\varrho_2} + K. \tag{3.39}$$

Bild 3.28 zeigt auch das zu dieser Gleichung gehörende Feldbild. Denkt man sich hier die mit Φ_+ bezeichneten Potentialflächen materialisiert, so hat man das Feld in der Umgebung eines Bündelleiters, der in der Hochspannungstechnik eine große Rolle spielt. Durch Differenzieren von Gl. (3.39) läßt sich die für die Anwendung wichtige Frage nach der Oberflächenfeldstärke beantworten (s. Beispiel 3.9). Wäre die mit Φ_- bezeichnete Potentialfläche ein metallischer Schirm, so könnte man die Kapazität zwischen dem Leiterbündel und diesem Schirm nach derselben Vorgehensweise ausrechnen, die für die Doppelleitung vorgeführt wurde.

Beispiel 3.9

Bündelleiter
Eine sehr lange Doppelleitung (Achsenabstand a, Leiterradius $R_0 \ll a$, Linienladungen $+\Lambda$, $-\Lambda$ gemäß Bild 3.27) ist mit der Anordnung nach Bild 3.29 zu vergleichen (Voraussetzung: $a \gg D \gg r_0$).

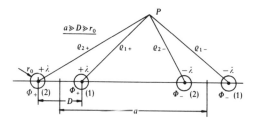

Bild 3.29.   Doppelleitung, bestehend aus zwei Leiterbündeln

a) Gegeben seien a, D, r_0. Wie groß muß R_0 gewählt werden, damit in beiden Fällen die Kapazität zwischen Hin- und Rückleitung gleich ist?

b) Gegeben seien a, D, R_0. Zunächst lege man r_0 so fest, daß für beide Fälle der Materialaufwand gleich ist. Wie verhält sich die Oberflächenfeldstärke auf dem Bündelleiter zu der auf dem Einzelleiter?

c) Die Endformel unter b) ist für folgende Zahlenangaben auszuwerten:

$$R_0 = 10\ \text{mm}, \quad a = 10\ \text{m}, \quad D = 20\ \text{cm}.$$

Lösung:

Die Kapazität der Doppelleitung ist bekannt: Gl. (3.38).

$$C' = \frac{\pi\varepsilon}{\ln\dfrac{a}{R_0}}.$$

Für die Anordnung nach Bild 3.29 gilt mit Gl. (3.37):

$$\Phi(P) = \frac{\lambda}{2\pi\varepsilon}\ln\frac{\varrho_{1-}}{\varrho_{1+}} + \frac{\lambda}{2\pi\varepsilon}\ln\frac{\varrho_{2-}}{\varrho_{2+}} = \frac{\lambda}{2\pi\varepsilon}\ln\frac{\varrho_{1-}\varrho_{2-}}{\varrho_{1+}\varrho_{2+}},$$

$$C' = \frac{2\lambda}{\Phi_+ - \Phi_-} = \frac{2\lambda}{2\Phi_+} = \frac{\lambda}{\dfrac{\lambda}{2\pi\varepsilon}\ln\dfrac{a^2}{r_0 D}} = \frac{2\pi\varepsilon}{\ln\dfrac{a^2}{r_0 D}}.$$

a) Gleiche Kapazität für $\dfrac{a}{R_0} = \left(\dfrac{a^2}{r_0 D}\right)^{1/2}$ oder $R_0' = \sqrt{r_0 D}$.

Die Oberflächenfeldstärke ergibt sich mit Gl. (3.26).

Einzelleiter: $E(R_0) = \dfrac{\Lambda}{2\pi\varepsilon}\cdot\dfrac{1}{R_0}$ mit $\Lambda = C'\cdot U$

$$E(R_0) = \frac{U}{2R_0\ln\dfrac{a}{R_0}}.$$

Bündelleiter: $E(r_0) = \dfrac{\lambda}{2\pi\varepsilon}\cdot\dfrac{1}{r_0}$ mit $2\lambda = C'\cdot U$

$$E(r_0) = \frac{U}{2r_0\ln\dfrac{a^2}{r_0 D}}\quad\left(= \frac{U}{2r_0\cdot 2\ln\dfrac{a}{R_0'}}\right).$$

b) Gleicher Leiterquerschnitt: $\pi R_0^2 = 2 \pi r_0^2 \rightarrow r_0 - R_0 / \sqrt{2}$

$$\frac{E(r_0)}{E(R_0)} = \frac{2 R_0 \ln \dfrac{a}{R_0}}{2 r_0 \ln \dfrac{a^2}{r_0 D}} = \sqrt{2} \, \frac{\ln \dfrac{a}{R_0}}{\ln \dfrac{a^2 \sqrt{2}}{R_0 D}} \, .$$

c) Zahlenwerte:

$$\frac{E(r_0)}{E(R_0)} = \sqrt{2} \, \frac{\ln 10^3}{\ln (10^6 \cdot \sqrt{2}/20)} = \underline{87,5 \%} \quad (R_0' = 3,76 \text{ cm}).$$

Beispiel 3.10

Ladungsverteilung auf Leitungen
Drei sehr lange, parallele Leiter mit gleichem Radius sind gemäß Bild 3.30 angeordnet. Die beiden linken Leiter dienen etwa als Hinleitung und haben das Potential Φ_0, der rechte Leiter bildet die Rückleitung und hat das Potential Null.

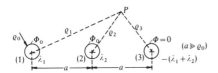

Bild 3.30. Drei parallele Leiter, von denen zwei gleiches Potential haben

Zu berechnen sind die Linienladungen λ_1 und λ_2.

Lösung:
Wir machen folgenden Ansatz:

$$\Phi(P) = \frac{1}{2 \pi \varepsilon} \left(\lambda_1 \ln \frac{1}{\varrho_1} + \lambda_2 \ln \frac{1}{\varrho_2} + (\lambda_1 + \lambda_2) \ln \varrho_3 \right) + K$$

$$= \frac{1}{2 \pi \varepsilon} \left(\lambda_1 \ln \frac{\varrho_3}{\varrho_1} + \lambda_2 \ln \frac{\varrho_3}{\varrho_2} \right) + K \, .$$

Nun muß man K so festlegen, daß Φ auf Leiter 3 Null wird:

$$K = - \frac{1}{2 \pi \varepsilon} \left(\lambda_1 \ln \frac{\varrho_0}{2a} + \lambda_2 \ln \frac{\varrho_0}{a} \right) \, .$$

Damit wird

$$\Phi(P) = \frac{1}{2 \pi \varepsilon} \left(\lambda_1 \ln \frac{\varrho_3 \, 2a}{\varrho_1 \varrho_0} + \lambda_2 \ln \frac{\varrho_3 \, a}{\varrho_2 \varrho_0} \right) \, .$$

Auf Leiter 1 soll $\Phi = \Phi_0$ sein:

$$\Phi_0 = \frac{1}{2 \pi \varepsilon} \left(\lambda_1 \ln \frac{(2a)^2}{\varrho_0^2} + \lambda_2 \ln \frac{2a \, a}{a \varrho_0} \right)$$

ebenfalls auf Leiter 2:

$$\Phi_0 = \frac{1}{2\pi\varepsilon}\left(\lambda_1 \ln\frac{a\,2\,a}{a\,\varrho_0} + \lambda_2 \ln\frac{a\,a}{\varrho_0\,\varrho_0}\right).$$

Aus diesen beiden Gln. für die beiden Unbekannten λ_1 und λ_2 folgt:

$$\lambda_2 = \frac{2\pi\varepsilon\Phi_0}{\ln\dfrac{a^3}{2\varrho_0^3}}, \quad \lambda_1 = \pi\varepsilon\Phi_0\left(\frac{1}{\ln\dfrac{2a}{\varrho_0}} - \frac{1}{\ln\dfrac{a^3}{2\varrho_0^3}}\right) = 2\pi\varepsilon\Phi_0\,\frac{\ln\dfrac{a}{2\varrho_0}}{\ln\dfrac{2a}{\varrho_0}\cdot\ln\dfrac{a^3}{2\varrho_0^3}}.$$

3.7.2 Die Kästchenmethode

Ist das Feldbild (Feldlinien und Potentiallinien) zwischen zwei sehr langen, parallelen Leitern bekannt, so kann aus diesem Feldbild sofort auf die Kapazität zwischen den beiden Leitern geschlossen werden. Um das zu erläutern, halten wir uns wieder an das Beispiel nach Bild 3.28. Es seien alle Potentialflächen materialisiert. Dann läßt sich die Kapazität zwischen den durch die Potentiale Φ_+ und Φ_- gekennzeichneten Flächen auffassen als Reihenschaltung aus den sechs Kapazitäten zwischen benachbarten Potentialflächen:

$$\frac{1}{C_{ges}} = \frac{1}{C_{r1}} + \frac{1}{C_{r2}} + \ldots + \frac{1}{C_{r6}}.$$

Jede dieser Kapazitäten C_{r1} bis C_{r6} kann man als Parallelschaltung von »Elementarkondensatoren« ansehen, deren Querschnitt in Bild 3.28 als nahezu quadratisches »Kästchen« erscheint. Insgesamt sind im vorliegenden Fall 40 derartige Elementarkondensatoren parallel geschaltet. Die Kapazität jedes Elementarkondensators, sie heiße C_0, kann näherungsweise mit der für den Plattenkondensator hergeleiteten Formel bestimmt werden:

$$C_0 = \frac{\varepsilon\,b\,l}{d}$$

($l=$ Länge der Platten, $b=$ Breite der Platten, $d=$ Plattenabstand).

Da hier quadratische Kästchen vorliegen ($b=d$), vereinfacht sich die Gleichung zu

$$C_0 = \varepsilon\,l.$$

Die Kapazität zwischen zwei benachbarten Potentialflächen wird hier also

$$C_r = 40\,C_0.$$

Da alle sechs in Reihe geschalteten Kapazitäten den gleichen Wert haben, folgt

$$C_{ges} = \frac{1}{6}\cdot 40\,C_0 = \frac{20}{3}\,\varepsilon\,l$$

oder

$$C'_{ges} = \frac{20}{3}\,\varepsilon.$$

Ist in einem beliebigen zweidimensionalen Fall das Feld zwischen zwei Elektroden durch n Feldlinien und $m-1$ Potentiallinien dargestellt, wobei Feld- und Potentiallinien quadratische Kästchen begrenzen, so gilt allgemein für die Kapazität pro Länge:

$$C' = \frac{n}{m}\,\varepsilon. \tag{3.40}$$

Damit haben wir ein graphisches Verfahren zur Kapazitätsermittlung gefunden: die sog. »**Kästchenmethode**«. Man muß also den Raum zwischen den Elektroden des Kondensators möglichst genau in kleine Quadrate aufteilen und dabei beachten, daß die Leiteroberflächen Äquipotentialflächen bilden und daß Feldlinien auf den Leitern senkrecht stehen. Das Verfahren erscheint mühsam, führt aber bei einiger Übung zu sehr befriedigenden Resultaten.

Wichtig erscheint der Hinweis, daß die Methode nur bei zweidimensionalen Feldern anwendbar ist, also bei solchen, die in allen parallelen Querschnitten die gleiche Gestalt haben.

Neben den bisher besprochenen Fällen gibt es noch viele, die nur mit Hilfe komplizierter Methoden lösbar sind; diese gehören in den Bereich der »Theoretischen Elektrotechnik« und werden in weiterführenden Büchern behandelt.

3.8 Energie und Kräfte

3.8.1 Elektrische Energie und Energiedichte

Die in einem Kondensator gespeicherte Energie läßt sich einfach bestimmen, indem man den Aufladevorgang betrachtet. Die Spannung am Kondensator, die während des Vorgangs von Null auf einen Endwert U anwächst, nennen wir $u(t)$, den Ladestrom $i(t)$. Die dem Kondensator zugeführte Energie läßt sich mit Gl. (1.14) wie folgt berechnen:

$$W_e = \int_0^\infty u(t)\,i(t)\,dt \,.$$

Der zeitliche Verlauf von Strom und Spannung braucht nicht bekannt zu sein. Wir können nämlich $i(t)\,dt$ durch den Ladungszuwachs dQ ersetzen und erhalten

$$W_e = \int_0^{Q_e} u\,dQ \,. \tag{3.41}$$

Im Fall des Plattenkondensators mit dem Plattenabstand d und der Plattenfläche A wird $u = E\,d$ und $dQ = A\,dD$, so daß folgt:

$$W_e = A\,d \int_0^{D_e} E\,dD$$

oder

$$W_e = V \int_0^{D_e} E\,dD \,, \tag{3.42}$$

wobei D_e den Endwert der Verschiebungsdichte bedeutet und V das von dem Feld durchsetzte Volumen des Plattenkondensators. Für die Energie pro Volumen, also $w_e = W_e/V$, gilt dann

$$w_e = \int_0^{D_e} E\,dD \,. \tag{3.43}$$

Diese Gleichung ist in Bild 3.31 veranschaulicht. Ganz analoge Beziehungen werden wir in Abschnitt 6.2.1 antreffen.

Wenn ε konstant ist, läßt sich das Integral (3.43) leicht auswerten. Mit Gl. (3.16) ergibt sich zunächst

$$w_e = \int_0^{D_e} \frac{D}{\varepsilon}\,dD = \frac{1}{2}\frac{D_e^2}{\varepsilon} \,.$$

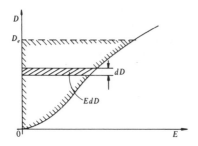

Bild 3.31.   Zur Veranschaulichung des Integrals $\int\limits_0^{D_e} E\,dD$

Wir lassen bei D_e den Index e jetzt weg und schreiben mit $D=\varepsilon E$ insgesamt drei Ausdrücke für die elektrische **Energiedichte** auf:

$$w_e = \frac{1}{2}\varepsilon E^2 = \frac{1}{2}DE = \frac{1}{2}\frac{D^2}{\varepsilon} \ . \tag{3.44}$$

Diese für den Plattenkondensator hergeleiteten Beziehungen gelten ganz allgemein, d. h. auch für inhomogene Felder. Das ergibt sich aus der in Abschnitt 3.7.2 entwickelten Vorstellung, nach der man sich einen Kondensator aus einer Vielzahl von Elementarkondensatoren aufgebaut denken kann, die durchweg Plattenkondensatoren sind. Das bedeutet gleichzeitig, daß man als Träger der Energie das Feld ansieht.

Gl. (3.41) kann mit Gl. (3.28) für konstantes C auch wie folgt ausgewertet werden:

$$W_e = \int\limits_0^{Q_e} u\,dQ = C\int\limits_0^U u\,du = \frac{1}{2}CU^2 \ . \tag{3.45}$$

Mit Hilfe von Gl. (3.28) lassen sich zwei weitere Ausdrücke gewinnen, so daß sich insgesamt die folgenden Darstellungsformen für die vom Kondensator gespeicherte **elektrische Energie** ergeben:

$$W_e = \frac{1}{2}CU^2 = \frac{1}{2}QU = \frac{1}{2}\frac{Q^2}{C} \ . \tag{3.46}$$

Beispiel 3.11

Energieverlust beim Parallelschalten geladener Kondensatoren

Zwei Kondensatoren C_1 und C_2, die zunächst die Ladungen Q_1 bzw. Q_2 tragen, werden parallel geschaltet. Man zeige, daß dabei ein Energieverlust von

$$\frac{(Q_1 C_2 - Q_2 C_1)^2}{2\,C_1 C_2 (C_1 + C_2)}$$

auftritt.

Lösung:

Nach Gl. (3.46) ist die Energie vor dem Parallelschalten

$$W_1 = \frac{1}{2}\frac{Q_1^2}{C_1} + \frac{1}{2}\frac{Q_2^2}{C_2}\ ,$$

nach dem Parallelschalten

$$W_2 = \frac{1}{2} \frac{(Q_1 + Q_2)^2}{C_1 + C_2}.$$

(Die Ladung bleibt also erhalten.)

Für die Differenz $W_1 - W_2$ erfolgt nach geschicktem Zusammenfassen der oben angegebene Ausdruck. Der Energieverlust tritt in den Verbindungsleitungen auf oder wird abgestrahlt.

3.8.2 Kräfte im elektrostatischen Feld

Zuerst sollen die Kräfte, die auf die Elektroden von Kondensatoren wirken, mit Hilfe des Energiesatzes bestimmt werden. Dieses Verfahren ist auch in der Mechanik gebräuchlich und wird dort als **Prinzip der virtuellen Verschiebung** bezeichnet. Wir denken uns eine kleine Verschiebung einer Elektrode des Kondensators, stellen die Energiebilanz auf und lösen die entsprechende Gleichung nach der gesuchten Kraft auf.

Wir betrachten zunächst den Fall, daß der geladene Kondensator keine Verbindung mit einer Spannungsquelle hat, so daß die Ladung während der Verschiebung konstant bleibt (Bild 3.32).

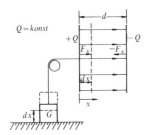

Bild 3.32. Zur Herleitung der Kraft mit Hilfe des Prinzips der virtuellen Verschiebung bei $Q = konst$

Energie tritt hier in zwei Formen auf: als elektrische Feldenergie (die im Kondensator gespeichert ist) und als mechanische Energie (dargestellt durch die potentielle Energie des Gewichts G). Nun läßt man eine Verschiebung der linken Kondensatorplatte um dx nach rechts zu. Dabei soll die Bewegung reibungsfrei und auf Grund einer entsprechend gewählten Größe von G so langsam erfolgen, daß von der geringen kinetischen Energie der Platte abgesehen werden kann. Die Gesamtenergie des Systems ändert sich bei dieser Verschiebung nicht, es muß also für die Änderung der Gesamtenergie gelten:

$$dW_{ges} = d(W_e + W_m) = dW_e + dW_m = 0.$$

Hierin ist $dW_m = F_x dx$, womit folgt:

$$\boxed{F_x = -\frac{dW_e^{(Q)}}{dx}}. \tag{3.47}$$

Der hochgestellte Index (Q) soll daran erinnern, daß bei der Herleitung der Gleichung eine konstante Ladung vorausgesetzt wurde.

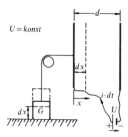

Bild 3.33.   Zur Herleitung der Kraft mit Hilfe des Prinzips der virtuellen Verschiebung bei $U = konst$

Bleibt der Kondensator während der Verschiebung mit der Spannungsquelle verbunden (Bild 3.33), so ist in die Energiebetrachtung zusätzlich die in der Batterie gespeicherte Energie (hier mit W_B bezeichnet) einzubeziehen. Läßt man jetzt eine Verschiebung der linken Platte um dx nach rechts zu – unter sonst gleichen Voraussetzungen wie im ersten Fall –, so lautet die Forderung, daß die Gesamtenergie des Systems konstant bleiben muß:

$$dW_{ges} = d(W_e + W_m + W_B) = dW_e + dW_m + dW_B = 0 .$$

Die drei Energieänderungen sind hier als Zunahmen definiert. Mit der in Bild 3.33 festgelegten Zählrichtung für x wird

$$dW_m = F_x\, dx$$

eine Zunahme wie im ersten Fall. Für dW_e ergibt sich mit Gl. (3.45)

$$dW_e = d\left(\frac{1}{2}C U^2\right) = \frac{1}{2}U^2\, dC ,$$

also auch ein Zuwachs, da die Kapazität sich vergrößert. Eine Kapazitätsvergrößerung hat nach $Q = CU$ eine weitere Aufladung des Kondensators zur Folge, die Batterie gibt Energie ab:

$$dW_B = -U i\, dt = -U\, dQ = -U\, d(CU) = -U^2\, dC .$$

Die drei Energieänderungen ergänzen sich zu Null:

$$F_x\, dx - \frac{1}{2}U^2\, dC = 0 .$$

Schreibt man für $\frac{1}{2}U^2\, dC$ wieder dW_e, so hat man

$$F_x = \frac{dW_e^{(U)}}{dx} .$$

(3.48)

Hier soll der hochgestellte Index (U) darauf hinweisen, daß die Formel eine konstante Spannung voraussetzt.

Die Gln. (3.47) und (3.48) gelten nicht nur für Plattenkondensatoren, wie sie in den Bildern 3.32 und 3.33 skizziert sind, sondern für beliebige Elektrodenformen. Das ergibt sich daraus, daß bei der Herleitung der Gleichungen an keiner Stelle eine Voraussetzung über eine bestimmte Form der Elektroden gemacht wurde.

Wir bestimmen jetzt die Kraft auf die Platten eines Plattenkondensators. Um die Gln. (3.47) und (3.48) anwenden zu können, wählen wir für x die Zählrichtung nach Bild 3.32 und schreiben für die jetzt von x abhängige Kapazität

$$C(x) = \frac{\varepsilon A}{d-x} \, .$$

Dann folgt mit (3.46)

$$W_e^{(Q)} = \frac{1}{2} \frac{Q^2}{C} = \frac{Q^2(d-x)}{2\varepsilon A} \, , \quad W_e^{(U)} = \frac{1}{2} C U^2 = \frac{U^2 \varepsilon A}{2(d-x)}$$

und gemäß Gl. (3.47)

$$F_x = + \frac{Q^2}{2\varepsilon A} \, . \tag{3.49}$$

Die Kraft ist konstant und unabhängig von x. Bei Verwendung von Gl. (3.48) hat man

$$F_x = \frac{U^2 \varepsilon A}{2(d-x)^2} \, .$$

Das Ergebnis ist von der Lage der linken Platte abhängig. Uns interessiert hier der Fall, daß der Plattenabstand d beträgt und demnach $x=0$ ist:

$$F_x = \frac{U^2 \varepsilon A}{2 d^2} \, . \tag{3.50}$$

Beide Ergebnisse (3.49) und (3.50) lassen sich ineinander umrechnen und auch folgendermaßen darstellen:

$$F_x = \frac{\varepsilon E^2 A}{2} = \frac{D E A}{2} = \frac{D^2 A}{2\varepsilon} \, .$$

Aus dieser Zeile liest man für die Kraft pro Fläche

$$\sigma = \frac{F_x}{A}$$

sofort ab:

$$\boxed{\sigma = \frac{1}{2} \varepsilon E^2 = \frac{1}{2} D E = \frac{1}{2} \frac{D^2}{\varepsilon}} \, . \tag{3.51}$$

Man nennt σ die **Kraftdichte**. Vergleicht man diese Formeln mit den Gln. (3.44), so zeigt sich, daß w_e und σ übereinstimmen. Auch diese Formeln sind – aus den im Zusammenhang mit den Gln. (3.44) angeführten Gründen – nicht nur für den Plattenkondensator gültig, sondern sind bei beliebig geformter Leiteroberfläche anwendbar.

Wir kommen noch einmal auf die Kraft zurück, die auf die Platten eines Plattenkondensators wirkt. Diese läßt sich mit $D \cdot A = Q$ auch als

$$F_x = \frac{1}{2} Q E$$

schreiben. Bemerkenswert ist, daß diese Formel bis auf den Faktor 1/2 mit Gl. (3.5) übereinstimmt. Wesentliche Unterschiede liegen darin, daß bei Gl. (3.5) die Ladung als punktförmig anzusehen ist und E das Fremdfeld bedeutet, während mit den im vorliegenden Abschnitt auftretenden Feldgrößen immer das tatsächlich vorhandene Feld gemeint ist.

Beachtet man die Voraussetzungen, unter denen Gl. (3.5) gilt, so kann man aus dieser Gleichung auch das Ergebnis (3.49) herleiten. Wir stellen uns zu diesem Zweck eine Anordnung vor, die aus der linken Kondensatorplatte besteht und einem kleinen, fast punktförmigen Flächenelement ΔA der rechten Platte, das die Ladung ΔQ trägt (Bild 3.34). Jetzt sind die Voraus-

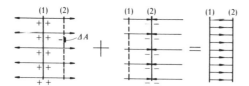

Bild 3.34.   Zur Berechnung der Kraft zwischen den Platten eines Plattenkondensators mit Gl. (3.5)

setzungen der Gl. (3.5) offensichtlich erfüllt und wir können für die Kraft auf das Flächenelement schreiben:

$$\Delta F = \Delta Q \, E^{(f)}.$$

Die Feldstärke $E^{(f)}$ wird von der Ladung auf der linken Platte hervorgerufen. Man berechnet sie, indem man sich die Feldverteilung beim Plattenkondensator durch Superposition (Bild 3.34) entstanden denkt. Dann ist

$$E^{(f)} = \frac{Q}{2\,\varepsilon A}\,.$$

Damit wirkt auf ein Flächenelement ΔA der rechten Platte die Kraft

$$\Delta F = \frac{1}{2}\,\frac{Q\,\Delta Q}{\varepsilon A}$$

und auf die ganze Platte die Kraft nach Gl. (3.49).

Beispiel 3.12

Kraft zwischen zwei Linienladungen
Es ist die Kraft zwischen zwei sehr langen Linienladungen λ_1 und λ_2 gesucht, die voneinander den Abstand d haben.

Lösung:
Mit dem soeben beschriebenen Verfahren ergibt sich

$$\Delta F = \lambda_1 \, \Delta l E^{(f)}(\lambda_2) \quad \text{mit} \quad E^{(f)}(\lambda_2) = \frac{\lambda_2}{2\,\pi\,\varepsilon}\,\frac{1}{d}$$

und insgesamt für die Kraft pro Länge

$$\frac{F}{l} = F' = \frac{\lambda_1\,\lambda_2}{2\,\pi\,\varepsilon}\cdot\frac{1}{d}\,.$$

3.9 Bedingungen an Grenzflächen

Wir betrachten die Grenzfläche zwischen zwei Materialien mit unterschiedlicher Dielektrizitätskonstante und fragen, wie sich die elektrischen Feldgrößen an dieser Grenzfläche verhalten. Zuerst soll das Verhalten der Komponenten untersucht werden, die auf der Grenzfläche senkrecht stehen (Normalkomponenten). Wir wenden den Gaußschen Satz der Elektrostatik, Gl. (3.20), auf einen flachen Zylinder an (Bild 3.35). Dabei soll der Durchmesser des Zylinders klein

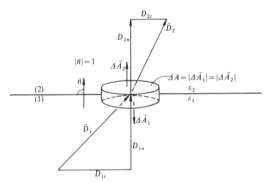

Bild 3.35. Zur Herleitung der Stetigkeit der Normalkomponenten von $\vec{D}$

sein, so daß wir die Verschiebungsdichte auf den Deckflächen des Zylinders näherungsweise als konstant ansehen können. Die Höhe des Zylinders sei wesentlich kleiner als der Durchmesser, so daß der Beitrag des Zylindermantels zum Integral vernachlässigt werden darf. Schließlich soll sich keine Ladung in der Grenzschicht befinden. Dann wird mit den in der Abbildung angegebenen Bezeichnungen

$$\oint_A \vec{D}\, d\vec{A} = \vec{D}_2\, \Delta\vec{A}_2 + \vec{D}_1\, \Delta\vec{A}_1 = 0 \,.$$

Charakterisieren wir die Orientierung der Grenzfläche durch einen auf dieser senkrecht stehenden Einheitsvektor $\vec{n}$, so folgt mit

$$\Delta\vec{A}_2 = \vec{n}\,\Delta A\,, \quad \Delta\vec{A}_1 = -\vec{n}\,\Delta A$$

und

$$\vec{n}\,\vec{D}_2 = D_{2n}\,, \quad \vec{n}\,\vec{D}_1 = D_{1n}$$

der Ausdruck

$$(D_{2n} - D_{1n})\,\Delta A = 0$$

oder schließlich

$$\boxed{D_{2n} = D_{1n}} \tag{3.52}$$

Die Normalkomponente der Verschiebungsdichte verhält sich also an einer Grenzfläche stetig. Das Verhalten der Feldkomponenten, die parallel zur Grenzfläche gerichtet sind (Tangentialkomponenten) ergibt sich aus dem Satz von der Wirbelfreiheit des elektrostatischen Feldes, Gl. (3.11). Wir wenden diesen Satz auf den in Bild 3.36 skizzierten rechteckigen Umlauf an. Dabei soll die Länge Δs so klein sein, daß auf ihr die elektrische Feldstärke als konstant an

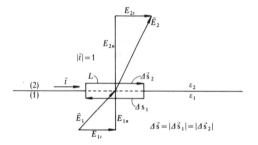

Bild 3.36.   Zur Herleitung der Stetigkeit der Tangentialkomponenten von $\vec{E}$

gesehen werden kann. Die Höhe des Rechtecks sei wesentlich kleiner als die Länge Δs, so daß die Beiträge der beiden senkrechten Teilwege vernachlässigt werden können. Dann ist

$$\oint_L \vec{E}\, d\vec{s} = \vec{E}_2\, \Delta\vec{s}_2 + \vec{E}_1\, \Delta\vec{s}_1 = 0\, .$$

Zur Kennzeichnung der Schnittlinie zwischen der Grenzfläche und der durch L berandeten, dazu senkrechten Fläche führen wir den Einheitsvektor $\vec{t}$ ein. Dann folgt mit

$$\Delta\vec{s}_2 = \vec{t}\, \Delta s\, , \quad \Delta\vec{s}_1 = -\vec{t}\, \Delta s$$

und

$$\vec{t}\, \vec{E}_2 = E_{2t}\, , \quad \vec{t}\, \vec{E}_1 = E_{1t}$$

das Ergebnis

$$(E_{2t} - E_{1t})\, \Delta s = 0$$

bzw.

$$\boxed{E_{2t} = E_{1t}}\, . \tag{3.53}$$

Die Tangentialkomponenten der elektrischen Feldstärke verhalten sich stetig an der Grenze zwischen zwei verschiedenen Dielektrika.

Mit Hilfe der eben gewonnenen Beziehungen leiten wir das **Brechungsgesetz** der elektrischen Feldlinien her. Aus Bild 3.37 lesen wir ab

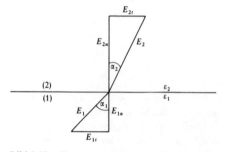

Bild 3.37.   Zum Brechungsgesetz für elektrische Feldlinien

$$\tan \alpha_1 = \frac{E_{1t}}{E_{1n}}, \quad \tan \alpha_2 = \frac{E_{2t}}{E_{2n}}.$$

Drücken wir hierin die Normalkomponenten von E jeweils durch D/ε aus, so folgt

$$\tan \alpha_1 = \frac{E_{1t}}{D_{1n}} \varepsilon_1, \quad \tan \alpha_2 = \frac{E_{2t}}{D_{2n}} \varepsilon_2.$$

Dividieren wir jetzt $\tan \alpha_1$ durch $\tan \alpha_2$, so ergibt sich für den Ausdruck auf der rechten Gleichungsseite bei Beachtung von Gl. (3.52) und Gl. (3.53) das Verhältnis der ε-Werte:

$$\boxed{\frac{\tan \alpha_1}{\tan \alpha_2} = \frac{\varepsilon_1}{\varepsilon_2}.} \tag{3.54}$$

Das ist das gesuchte Brechungsgesetz.

Beispiel 3.13

Brechungsgesetz
Es seien die Größen D_1, E_1, ε_1, ε_2 und α_1 bekannt. Wie groß sind dann D_2 und E_2 (s. Bild 3.37).

Lösung:
Wegen Gl. (3.52) ist

$$D_{2n} = D_{1n} = D_1 \cos \alpha_1$$

und wegen Gl. (3.53)

$$D_{2t} = \frac{\varepsilon_2}{\varepsilon_1} D_{1t} = \frac{\varepsilon_2}{\varepsilon_1} D_1 \sin \alpha_1.$$

Daraus folgt mit

$$D_2^2 = D_{2n}^2 + D_{2t}^2$$

der Ausdruck

$$D_2^2 = D_1^2 \left(\cos^2 \alpha_1 + \left(\frac{\varepsilon_2}{\varepsilon_1} \right)^2 \sin^2 \alpha_1 \right).$$

Für E_2 ergibt sich mit

$$E_2 = D_2/\varepsilon_2$$

schließlich:

$$E_2^2 = E_1^2 \left(\left(\frac{\varepsilon_1}{\varepsilon_2} \right)^2 \cos^2 \alpha_1 + \sin^2 \alpha_1 \right).$$

4. Stationäre elektrische Strömungsfelder

zeitlich konstant (handwritten annotation)

4.1 Die Grundgesetze und ihre Entsprechungen im elektrostatischen Feld

Bei den bisherigen Betrachtungen (in Abschnitt 2) wurde die elektrische Strömung durch den Strom I, eine integrale Größe, gekennzeichnet. Die räumliche Verteilung der Strömung über ausgedehnte Querschnitte blieb unberücksichtigt. In dem vorliegenden Abschnitt sollen die Grundgesetze zur Berechnung von Netzwerken, nämlich die beiden Sätze von Kirchhoff und das Ohmsche Gesetz, so verallgemeinert werden, daß sie zur Behandlung des stationären (d. h. zeitlich konstanten) elektrischen Strömungsfeldes herangezogen werden können.

Zuerst führen wir eine der elektrischen Verschiebungsdichte analoge flächenbezogene Stromgröße ein, die durch

$$J = \frac{\Delta I}{\Delta A} \quad \text{oder} \quad \Delta I = J \, \Delta A$$

definiert ist. Man nennt die Größe J (für die man auch S oder G schreibt) die **elektrische Stromdichte**. Die Definitionsgleichung für J setzt voraus, daß der Strom ΔI senkrecht durch das Flächenelement ΔA hindurchtritt. Andernfalls hat man (Bild 4.1)

$$\Delta I = J \, \Delta A \cos \alpha \, .$$

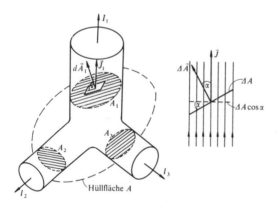

Bild 4.1.   Zum 1. Kirchhoffschen Satz

Fassen wir J und ΔA als Vektoren auf (s. Bild), so folgt

$$\Delta I = |\vec{J}| \, |\Delta \vec{A}| \cos (\vec{J}, \Delta \vec{A}) = \vec{J} \cdot \Delta \vec{A} \, .$$

Skalarprodukt (handwritten annotation)

Wir beginnen mit dem ersten Kirchhoffschen Satz und wenden ihn auf den in Bild 4.1 skizzierten Knoten an. Bei den zugrunde gelegten Zählrichtungen wird

$$I_1 + I_2 + I_3 = 0 \, . \tag{4.1}$$

Auf einer Hüllfläche A, die den Knoten umgibt, sind diejenigen Teilflächen mit A_1, A_2, A_3 bezeichnet, die innerhalb der Leiter 1 bis 3 liegen. Bildet man das Flächenintegral der Stromdichte $\vec{J}$ für diese Teilflächen, so hat man z. B.

$$I_1 = \int_{A_1} \vec{J} \cdot d\vec{A}$$

und damit an Stelle von Gl. (4.1):

$$\int_{A_1} \vec{J} \cdot d\vec{A} + \int_{A_2} \vec{J} \cdot d\vec{A} + \int_{A_3} \vec{J} \cdot d\vec{A} = 0 \,. \tag{4.2}$$

Durch den Rest der Hüllfläche tritt kein Strom. Ein entsprechendes Integral über diese Fläche wird also Null. Wir ergänzen dieses Integral in Gl. (4.2) und erhalten die einfachere Schreibweise

$$\boxed{\oint_A \vec{J} \cdot d\vec{A} = 0} \,. \tag{4.3}$$

Das Flächenelement $d\vec{A}$ auf der Hüllfläche wird nach außen positiv gezählt. Dann führen Strömungslinien, die aus dem von der Hüllfläche umschlossenen Volumen austreten, zu positiven Strombeiträgen; in das Volumen eintretende Stromlinien bedeuten negative Strombeiträge. Da sich all diese Beiträge zu Null ergänzen, liegt ein quellenfreies Feld vor: Elektrische Strömungslinien sind im stationären Fall immer geschlossen. Bei zeitlich veränderlichen Feldern muß das nicht so sein (Abschnitt 6).
Wir betrachten jetzt einen Ausschnitt aus einem durchströmten Leiter (Bild 4.2) und wollen

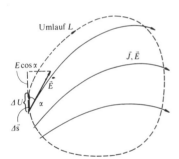

Bild 4.2.   Zum 2. Kirchhoffschen Satz

den zweiten Kirchhoffschen Satz auf den eingezeichneten Umlauf anwenden. Es ergibt sich näherungsweise für den Spannungsabfall auf dem Weg $\Delta\vec{s}$:

$$\Delta U = E \Delta s \cos\alpha = |\vec{E}| |\Delta\vec{s}| \cdot \cos(\vec{E}, \Delta\vec{s}) = \vec{E} \cdot \Delta\vec{s} \,.$$

Für einen vollständigen Umlauf gilt $\sum U = 0$ bzw. $\sum \Delta U = 0$, also hier

$$\sum \vec{E} \cdot \Delta\vec{s} = 0 \,.$$

Daraus folgt, wenn wir $\Delta\vec{s}$ gegen Null streben lassen, also vom Grenzwert der Summe zum Integral übergehen:

$$\boxed{\oint_L \vec{E} \cdot d\vec{s} = 0} \,. \tag{4.4}$$

Das elektrische Feld ist (wie in der Elektrostatik) wirbelfrei. Man kann die elektrische Feldstärke auch hier aus einer skalaren Feldgröße, der Potentialfunktion, herleiten.

Gl. (4.4) gilt in der angegebenen Form auch, wenn auf dem Umlauf L Spannungsquellen liegen, sofern nur das innere Feld der Quelle berücksichtigt wird. Ist nicht das innere Feld der Quelle bekannt, sondern die Quellenspannung, so ist diese in Gl. (4.4) zu ergänzen.

Um das Ohmsche Gesetz für Feldgrößen zu erhalten, gehen wir von Bild 4.3 aus. Wir denken

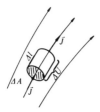

Bild 4.3.   Zur Herleitung von Gl. (4.5) und Gl. (4.6)

uns in einem Strömungsfeld einen kleinen Zylinder abgegrenzt, und zwar so, daß der Strom senkrecht durch die Deckflächen fließt (diese sind also Flächen konstanten Potentials), während die Mantelfläche parallel zu den elektrischen Feldlinien orientiert ist. Für einen genügend kleinen Zylinder kann der Leitwert näherungsweise gemäß

$$G = \gamma \frac{\Delta A}{\Delta l}$$

berechnet werden. Andererseits gilt nach dem Ohmschen Gesetz

$$G = \frac{\Delta I}{\Delta U} = \frac{J \Delta A}{E \Delta l} \ .$$

Durch Gleichsetzen beider Ausdrücke folgt

$$J = \gamma E$$

oder in vektorieller Schreibweise

$$\vec{J} = \gamma \vec{E} \qquad . \tag{4.5}$$

Vorausgesetzt wurde dabei, daß $\vec{E}$ und $\vec{J}$ gleiche Richtung haben. Es muß also ein isotropes Medium vorliegen.

Wir stellen zum Schluß die Gleichungen in tabellarischer Form zusammen: die Ausgangsgleichungen, die aus ihnen hergeleiteten Beziehungen für die Feldgrößen des elektrischen Strömungsfeldes und die analogen Gleichungen der Elektrostatik:

Knoten $\sum I = 0$	$\oint_A \vec{J} \cdot d\vec{A} = 0$	$\oint_A \vec{D} \cdot d\vec{A} = Q$
Umlauf $\sum U = 0$	$\oint_L \vec{E} \cdot d\vec{s} = 0$	$\oint_L \vec{E} \cdot d\vec{s} = 0$
$I = G U$	$\vec{J} = \gamma \vec{E}$	$\vec{D} = \varepsilon \vec{E}$

Wegen der ersichtlichen formalen Analogien können die in der Elektrostatik einsetzbaren Lösungsmethoden auch zur Berechnung elektrischer Strömungsfelder benutzt werden.

Die im elektrischen Strömungsfeld umgesetzte Leistung wollen wir auf das Volumen beziehen. Wir betrachten wieder Bild 4.3 und erhalten an Stelle von $P = I^2 R$ zunächst

$$\Delta P = (\Delta I)^2 \frac{\Delta l}{\gamma \Delta A} = \left(\frac{\Delta I}{\Delta A}\right)^2 \cdot \frac{\overbrace{\Delta l \Delta A}^{\Delta V}}{\gamma} .$$

Wir dividieren beide Seiten durch das Volumenelement $\Delta V = \Delta l \cdot \Delta A$, setzen

$$p = \frac{\Delta P}{\Delta V}$$

und gewinnen mit Gl. (4.5) folgende Ausdrücke für die **Leistungsdichte**:

$$\boxed{p = \frac{J^2}{\gamma} = E \cdot J = \gamma E^2} . \tag{4.6}$$

4.2 Methoden zur Berechnung von Widerständen

Ist der Verlauf der elektrischen Strömung in einem stromdurchflossenen Körper im Prinzip bekannt, so kann der elektrische Widerstand dieses Körpers auch durch Integration über Teilwiderstände bzw. Teilleitwerte gefunden werden. Es muß dabei die Aufteilung so vorgenommen werden, daß die entstehenden Teilwiderstände bzw. -leitwerte mit der bekannten Formel für den Leiter der Länge l mit konstantem Querschnitt A berechnet werden können.

Ist der durchströmte Querschnitt örtlich nicht konstant, wohl aber die Länge der Stromlinien, so teilt man den Leiter in dünne Scheiben auf, die durch Potentialflächen begrenzt werden. Ist der Abstand der Potentialflächen Δl und der Scheibenquerschnitt (senkrecht zur Strömungsrichtung) A, so hat der Widerstand der Scheibe die Größe $\Delta R = \Delta l/(\gamma A)$. Der Gesamtwiderstand folgt durch Hintereinanderschalten der Teilwiderstände:

$$R = \sum \Delta R = \sum \frac{\Delta l}{\gamma A} . \tag{4.7}$$

Ist dagegen bei dem stromdurchflossenen Leiter der Querschnitt (senkrecht zur Strömungsrichtung) überall konstant, die Länge der Stromlinien jedoch nicht, so teilt man den Leiter in dünne Streifen auf, die von Strömungslinien begrenzt werden. Hat dieser Streifen den gleichbleibenden Querschnitt ΔA und die Länge l, so hat sein Leitwert die Größe $\Delta G = \Delta A \gamma/l$. Der Gesamtleitwert ergibt sich durch Parallelschalten der Streifen, also durch Addition der Teilleitwerte:

$$G = \sum \Delta G = \sum \gamma \frac{\Delta A}{l} . \tag{4.8}$$

Die folgenden Beispiele sollen diese beiden Methoden verdeutlichen.

Beispiel 4.1

Koaxialkabel
Gegeben ist ein Koaxialkabel (Bild 3.25a) mit den Radien ϱ_1 und ϱ_2 und der Länge l. Das Dielektrikum zwischen beiden Leitern soll nicht ideal sein und eine Leitfähigkeit γ haben. Gesucht ist der Verlustwiderstand des Kabels.

Lösung:
Der Widerstand eines koaxialen Zylindermantels mit dem Radius ϱ und der Wandstärke $d\varrho$ ist

$$dR = \frac{d\varrho}{\gamma 2\pi \varrho l} .$$

Durch Reihenschaltung dieser Teilwiderstände gemäß Gl. (4.7) ergibt sich

$$R = \frac{1}{2\pi\gamma l} \int_{\varrho_1}^{\varrho_2} \frac{d\varrho}{\varrho} = \frac{1}{2\pi\gamma l} \ln \frac{\varrho_2}{\varrho_1}.$$

Beispiel 4.2

Stromdurchflossener Bügel

Ein stromdurchflossener Leiter hat die Form eines Bügels mit rechteckigem Querschnitt. Gegeben sind die Radien ϱ_1 und ϱ_2 und die Breite des Bügels b (Bild 4.4).

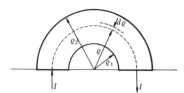

Bild 4.4   Stromdurchflossener Bügel

Gesucht ist der Widerstand, den der Strom I überwinden muß. (Es sollen Randeffekte vernachlässigt und die Strömungslinien als Halbkreise angesehen werden.)

Lösung:

Der Leitwert eines koaxialen Halbzylindermantels (Radius ϱ, Wandstärke $d\varrho$) wird

$$dG = \gamma \frac{b \, d\varrho}{\pi \varrho}.$$

Durch Addition der Leitwerte nach Gl. (4.8) folgt

$$G = \gamma \frac{b}{\pi} \int_{\varrho_1}^{\varrho_2} \frac{d\varrho}{\varrho} = \gamma \frac{b}{\pi} \ln \frac{\varrho_2}{\varrho_1}.$$

In vielen Fällen kann man aus einer bereits vorliegenden Formel für die Kapazität einer bestimmten Anordnung auf den elektrischen Widerstand einer entsprechenden Anordnung schließen, bei der dann das Dielektrikum durch ein leitfähiges Material ersetzt zu denken ist. Wesentlich ist, daß Kondensator und Widerstand die gleiche räumliche Anordnung und die gleiche Feldverteilung aufweisen. Für die Kapazität gilt bei örtlich konstantem ε-Wert

$$C = \frac{Q}{U} = \frac{\int\limits_A \vec{D} \cdot d\vec{A}}{\int\limits_a^b \vec{E} \cdot d\vec{s}} = \frac{\varepsilon \int\limits_A \vec{E} \cdot d\vec{A}}{\int\limits_a^b \vec{E} \cdot d\vec{s}},$$

für den elektrischen Widerstand bei örtlich konstanter Leitfähigkeit

$$R = \frac{U}{I} = \frac{\int\limits_a^b \vec{E} \cdot d\vec{s}}{\int\limits_A \vec{J} \cdot d\vec{A}} = \frac{\int\limits_a^b \vec{E} \cdot d\vec{s}}{\gamma \int\limits_A \vec{E} \cdot d\vec{A}}.$$

Dabei bedeuten, wenn wir der Einfachheit halber an das Koaxialkabel denken, a und b Punkte auf dem Innen- bzw. Außenleiter. Die Fläche A ist die Fläche, durch die der gesamte elektrische Fluß bzw. die gesamte elektrische Strömung hindurchtritt, also z. B. ein koaxialer Zylinder wie in Beispiel 4.1. Multipliziert man die Gleichungen für C und R miteinander, so hat man

$$RC = \frac{\varepsilon}{\gamma} \quad \text{oder} \quad \boxed{\frac{G}{C} = \frac{\gamma}{\varepsilon}} \cdot \qquad\qquad (4.9)$$

Durch Anwenden von Gl. (4.9) hätten wir den in Beispiel 4.1 gesuchten Widerstand auf Grund der in Abschnitt 3.6.3.3 angegebenen Kapazitätsformel sofort hinschreiben können.
Sind die bis jetzt besprochenen speziellen Methoden nicht anwendbar, so muß auf die Definition des Widerstandes nach Gl. (1.8) zurückgegriffen werden. Man gibt sich den Strom I vor, berechnet für diesen Strom die dem Strömungsfeld zugeordnete Potentialfunktion Φ und bildet den Quotienten

$$\boxed{R = \frac{\Phi_+ - \Phi_-}{I}} \cdot \qquad\qquad (4.10)$$

Dabei bedeuten Φ_+ und Φ_- die Potentialwerte auf der positiven bzw. negativen Elektrode. Auf analoge Weise wurden in Abschnitt 3.6.3 Kapazitäten bestimmt.

4.3 Anwendung auf Erdungsprobleme

Bevor wir das eigentliche Problem behandeln, betrachten wir die Anordnung nach Bild 4.5: Einer sehr gut leitenden Metallkugel, die allseits vom mäßig leitenden Erdboden umgeben ist, wird über einen dünnen isolierten Draht ein Strom I zugeführt. Aus Gründen der Symmetrie wird das Strömungsfeld im Erdreich radialsymmetrisch sein. Wir können die Stromdichte also sehr leicht mit Gl. (4.3) ermitteln. Wir denken uns die Metallkugel konzentrisch von einer Hüll-

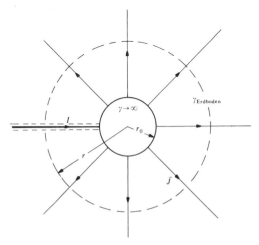

Bild 4.5. Kugelförmiger Erder

kugel mit dem Radius r umgeben und berücksichtigen zunächst den als sehr dünn angenommenen Zuleiter nicht; dann erhalten wir für die aus der Hüllkugel austretende Strömung

$$\oint_A J(r)\,dA = J(r)\oint_A dA = J(r)\,4\,\pi r^2\;.$$

Mit dem in die Kugel eintretenden Strom I, der negativ zu zählen ist, folgt

$$J(r)\,4\,\pi r^2 - I = 0 \quad \|$$

oder

$$J(r) = \frac{I}{4\,\pi r^2}\;. \quad \|$$

Die elektrische Feldstärke ist wegen Gl. (4.5)

$$E(r) = \frac{I}{4\,\pi\gamma}\,\frac{1}{r^2}\;. \tag{4.11}$$

Wie in der Elektrostatik können wir dieser Feldstärke eine Potentialfunktion zuordnen, die am einfachsten durch unbestimmte Integration von Gl. (3.13) längs einer Feldlinie gefunden wird:

$$\Phi(r) = \frac{I}{4\,\pi\gamma}\cdot\frac{1}{r} + konst\;. \qquad \vec{E}\,d\vec{s} = -d\phi \tag{4.12}$$

Dieses Ergebnis entspricht Gl. (3.22 a).
Wir denken uns jetzt durch den Mittelpunkt der Metallkugel nach Bild 4.5 eine dünne isolierende Ebene gelegt, wobei jeder der beiden so entstehenden Halbkugeln der halbe Strom zugeführt wird. An der Feldverteilung im Erdreich ändert sich dabei offensichtlich nichts. Damit haben wir die Lösung für die Anordnung nach Bild 4.6 gefunden. Hier repräsentiert die metal-

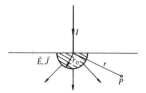

Bild 4.6.   Halbkugelerder

lische Halbkugel in erster Näherung einen Erder. In der Praxis werden zwar Platten, Rohre, Bänder verwendet, aber für die folgenden Betrachtungen ist diese Idealisierung zulässig.
Der Potentialverlauf an der Erdoberfläche folgt aus Gl. (4.12), wobei nur zu beachten ist, daß wir mit I jetzt den Strom meinen, der sich auf einen halb so großen Raum verteilt. Das bedeutet eine Verdoppelung von Stromdichte, Feldstärke und Potentialfunktion. Also haben wir an Stelle von Gl. (4.12) jetzt

$$\Phi(r) = \frac{I}{2\,\pi\gamma}\,\frac{1}{r} + konst\;. \tag{4.13}$$

Der Verlauf der Potentialfunktion ist in Bild 4.7 (für $konst = 0$) dargestellt. Ein Mensch, der etwa an einer Stelle $r = r_1$ steht und den stromführenden Zuleiter zum Erder berührt, ist der sog. **Berührungsspannung** U_B ausgesetzt, die sich mit Gl. (4.13) zu

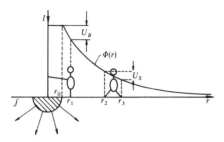

Bild 4.7. Potentialverlauf in der Umgebung des Halbkugelerders. Berührungsspannung U_B; Schrittspannung U_S. Voraussetzung: Leitfähigkeit des Erders $\gg$ Leitfähigkeit des Erdreichs.

$$U_B = \Phi(r_0) - \Phi(r_1) = \frac{I}{2\pi\gamma}\left(\frac{1}{r_0} - \frac{1}{r_1}\right) \tag{4.14}$$

ergibt. Ein Lebewesen, das sich in der Umgebung des stromführenden Erders aufhält, kann mit seinen Füßen, wie Bild 4.7 es zeigt, die sog. **Schrittspannung**

$$U_S = \Phi(r_2) - \Phi(r_3) = \frac{I}{2\pi\gamma}\left(\frac{1}{r_2} - \frac{1}{r_3}\right) \tag{4.15}$$

überbrücken.

Beispiel 4.3

Schrittspannung
Ein Leiter einer Freileitung erhält Berührung mit dem Mast, wodurch ein Strom von 1000 A ins Erdreich fließt.
Wie groß ist die Schrittspannung in 10 und 20 m Entfernung vom Mast, wenn mit einer Schrittlänge von 80 cm und einer mittleren Leitfähigkeit des Erdbodens von 10^{-2} S/m gerechnet wird?

Lösung:
Nach Gl. (4.15) ist

$$U_S = \frac{I}{2\pi\gamma}\frac{r_3 - r_2}{r_2 r_3} \approx \frac{I}{2\pi\gamma}\frac{\Delta r}{r^2}\,.$$

Damit folgt mit $\Delta r = 0,8$ m und $r = 10$ m

$$U_S \approx \frac{10^3 \text{ A m } 0,8 \text{ m}}{2\pi\,10^{-2} \text{ S } 10^2 \text{ m}^2} \approx 127 \text{ V}$$

und für $r = 20$ m

$$U_S \approx 32 \text{ V}.$$

Im ersten Fall wird eine für den Menschen gefährliche Spannung (oberhalb von etwa 60 V) erreicht.

Den Widerstand zwischen dem Erder und einer konzentrischen Halbkugel mit unendlich großem Radius nennt man den **Erdübergangswiderstand.** Dieser ergibt sich für den Fall des Halbkugelerders wegen Gl. (4.13) zu

$$R = \frac{U}{I} = \frac{\Phi(r_0) - \Phi(\infty)}{I} = \frac{1}{2\pi\gamma r_0}\,. \tag{4.16}$$

Auch dieses Ergebnis hätten wir mit Gl. (4.9) aus dem Ausdruck für die Kapazität einer Kugel gegenüber dem Unendlichen gewinnen können. Es wäre allerdings wegen des Übergangs von der Vollkugel zur Halbkugel der Faktor 2 zu berücksichtigen gewesen.

4.4   Bedingungen an Grenzflächen

Fließt ein elektrischer Strom von einem Material mit der Leitfähigkeit γ_1 in ein Material mit der Leitfähigkeit γ_2, so werden die Strömungslinien an der Grenzfläche zwischen den beiden Materialien geknickt, falls die Strömung nicht senkrecht zur Grenzfläche verläuft.

Wir untersuchen zuerst, wie sich die Normalkomponenten verhalten. Zu diesem Zweck wenden wir Gl. (4.3) auf einen flachen Zylinder an, wie er in Bild 3.35 dargestellt ist. Auf Grund der gleichen Überlegungen, wie sie in Abschnitt 3.9 besprochen wurden, folgt

$$ J_{2n} = J_{1n} $$.   (4.17)

Für die Tangentialkomponenten gilt wegen Gl. (4.4) wie in der Elektrostatik

$$ E_{2t} = E_{1t} $$.   (4.18)

Damit erhalten wir durch dieselben Überlegungen wie in Abschnitt 3.9 das **Brechungsgesetz** des elektrischen Strömungsfeldes, wobei die Winkel wie in Bild 3.37 zu zählen sind:

$$ \frac{\tan \alpha_1}{\tan \alpha_2} = \frac{\gamma_1}{\gamma_2} $$.   (4.19)

Hat der eine Leiter eine sehr viel größere Leitfähigkeit als der andere, ist z. B. $\gamma_1/\gamma_2 \gg 1$, so ist auch $\tan\alpha_1/\tan\alpha_2 \gg 1$. Für den Zahlenwert $\gamma_1/\gamma_2 = 100$ ergeben sich für die Winkel $\alpha_1 = 0$; 45°; 60°; 70°; 80°; 85° die Winkel (in derselben Reihenfolge) $\alpha_2 = 0$; 0,6°; 1°; 1,6°; 3,2°; 6,5°. Das bedeutet, daß die Feldlinien auf einem guten Leiter nahezu senkrecht stehen. Damit wird die Oberfläche dieses Leiters näherungsweise zu einer Äquipotentialfläche.

In den Abschnitten über elektrostatische Felder wurden stets Dielektrika mit unendlich geringer Leitfähigkeit vorausgesetzt. Wenn diese idealisierende Annahme nicht gemacht werden kann, ist zu fragen, ob sich das Feld an der Grenzfläche nach den Bedingungen verhält, die für elektrostatische Felder – Gln. (3.52) und (3.53) – aufgestellt wurden, oder nach den für Strömungsfelder – Gln. (4.17) und (4.18) – gültigen. Die Erfahrung zeigt, daß sich im stationären Fall die Feldverteilung in durchströmten Gebieten nach den Gesetzen des Strömungsfeldes richtet. Bei zeitlich veränderlichen Feldern dagegen, die später behandelt werden, wird die Feldverteilung mit zunehmender Änderungsgeschwindigkeit immer stärker von den dielektrischen Eigenschaften der Stoffe und weniger von ihren Leitfähigkeiten bestimmt.

Im stationären Fall verhalten sich die Normalkomponenten der Stromdichte also stetig. Damit sind auch die Normalkomponenten der elektrischen Feldstärke wegen Gl. (4.5) festgelegt und für die daraus gemäß Gl. (3.16) bestimmten Normalkomponenten der Verschiebungsdichte gilt die Bedingung der Stetigkeit nach Gl. (3.52) im allgemeinen nicht mehr.

Die jetzt maßgebende Bedingung an der Grenzfläche findet man auf ähnliche Weise wie in Abschnitt 3.9. Man hat dabei in der Grenzschicht des Zylinders nach Bild 3.35 eine Ladung

ΔQ anzunehmen. Diese schreibt man als $\sigma \cdot \Delta A$, wobei σ eine **Flächenladung** (Ladung pro Fläche) bedeutet. So ergibt sich

$$D_{2n} - D_{1n} = \sigma . \tag{4.20}$$

Beispiel 4.4

Kugelkondensator mit leitendem Dielektrikum
Zwischen zwei vollkommen leitenden, konzentrischen Kugelschalen befinden sich zwei Medien (1) und (2) gemäß Bild 4.8. Über isolierte Drähte sind die beiden Kugelschalen an eine Spannungsquelle U angeschlossen.

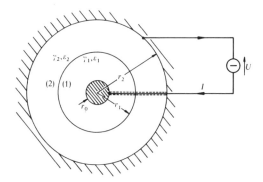

Bild 4.8. Kugelkondensator mit geschichtetem, verlustbehaftetem Dielektrikum

Gesucht sind der Strom I und die sich in der Grenzschicht zwischen den beiden Medien ausbildende Flächenladung σ.

Lösung:
Die Potentialfunktion für eine kugelsymmetrische Anordnung ist mit Gl. (4.12) bekannt. Damit lassen sich für die beiden Raumteile die Ansätze machen:

$$\Phi_1(r) = \frac{I}{4\pi\gamma_1} \cdot \frac{1}{r} + C_1 , \quad \Phi_2(r) = \frac{I}{4\pi\gamma_2} \cdot \frac{1}{r} + C_2 .$$

Die Spannung U setzt sich aus den beiden Anteilen $\Phi_1(r_0) - \Phi_1(r_1)$ und $\Phi_2(r_1) - \Phi_2(r_2)$ zusammen:

$$U = \frac{I}{4\pi} \left\{ \frac{1}{\gamma_1} \left(\frac{1}{r_0} - \frac{1}{r_1} \right) + \frac{1}{\gamma_2} \left(\frac{1}{r_1} - \frac{1}{r_2} \right) \right\} .$$

Auf das Auflösen nach I soll hier verzichtet werden.
Die elektrischen Feldstärken in beiden Raumteilen sind nach Gl. (4.11):

$$E_1(r) = \frac{I}{4\pi\gamma_1} \cdot \frac{1}{r^2} , \quad E_2(r) = \frac{I}{4\pi\gamma_2} \cdot \frac{1}{r^2} .$$

Damit folgt gemäß Gl. (4.20):

$$\sigma = \varepsilon_2 E_{2n}(r_1) - \varepsilon_1 E_{1n}(r_1) = \frac{I}{4\pi r_1^2} \left(\frac{\varepsilon_2}{\gamma_2} - \frac{\varepsilon_1}{\gamma_1} \right) .$$

Demnach bildet sich nur in dem Sonderfall $\varepsilon_1/\varepsilon_2 = \gamma_1/\gamma_2$ keine Flächenladung in der Grenzschicht aus.

5. Stationäre Magnetfelder

5.1 Einführung

Zwischen gewissen Eisenkörpern, die man **Magnete** nennt, treten anziehende oder abstoßende Kräfte auf. Ein solcher Magnet hat die Tendenz, sich in Nord-Süd-Richtung einzustellen (Bild 5.1). Das Ende des Magneten, das nach Norden weist, nennt man den magnetischen **Nordpol,** das andere den magnetischen **Südpol.** Wird ein Magnet gemäß Bild 5.2 in zwei Teile zerlegt,

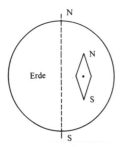

Bild 5.1. Magnetnadel richtet sich im Erdfeld aus

Bild 5.2. Magnetische »Ladungen« lassen sich nicht trennen

so entstehen zwei neue Magnete. Darin liegt offensichtlich ein entscheidender Unterschied zur Elektrostatik. Elektrische Ladungen lassen sich trennen, magnetische Pole dagegen nicht.
Teilt man einen Magneten in immer kleinere Elemente auf, so erhält man schließlich einen Elementarmagneten, den man als Dipol nach Bild 5.3 darstellen kann. Diesen denkt man sich

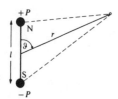

Bild 5.3. Magnetischer Dipol

aufgebaut aus zwei punktförmigen Polen N und S, die voneinander den Abstand l haben ($l\to 0$). Die Stärke der Pole wird durch die **Polstärke** P charakterisiert, die das Analogon zur elektrischen Ladung Q ist. Das Produkt

$$m = P \cdot l$$

nennt man das **magnetische Dipolmoment**.

Magnetfelder, deren Ursache in magnetischen Dipolen vorgegebener Verteilung zu sehen ist, können mit den Methoden behandelt werden, die in den Abschnitten über elektrostatische Felder besprochen wurden. Wir wenden uns jedoch den weit wichtigeren Magnetfeldern zu, die von bewegten Ladungen verursacht werden.

5.2 Kräfte im magnetischen Feld und die magnetische Flußdichte

5.2.1 Die Kraft zwischen zwei stromdurchflossenen Leitern

Es liegt nahe, die magnetischen Feldgrößen in ähnlicher Weise einzuführen wie die elektrischen. Da es keine isolierten (d. h. nicht paarweise auftretenden) magnetischen Ladungen gibt, dürfen wir kein unmittelbares (durch ein völlig gleichartiges Experiment nachweisbares) Analogon zum Coulombschen Gesetz erwarten, das den Ausgangspunkt für weitere Schlußfolgerungen bilden könnte. Wir gehen jetzt von der Erfahrungstatsache aus, daß zwei parallele Leiter, die von Strömen durchflossen werden, einander bei gleichen Stromrichtungen anziehen und bei entgegengesetzten Stromrichtungen abstoßen. Experimentell ergibt sich für dünne Leiter sehr großer Länge l bei einem Achsenabstand ϱ und den Strömen I_1 und I_2 (Bild 5.4) der folgende quantitative Zusammenhang:

$$F = K \frac{I_1 I_2 l}{\varrho} \ .$$

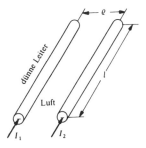

Bild 5.4. Zur Kraft zwischen zwei stromdurchflossenen Leitern

Der Proportionalitätsfaktor K ist bereits festgelegt, da Längen, Kräfte und Ströme schon definiert sind. Der Faktor K hängt von dem Material in der Umgebung der stromdurchflossenen Leiter ab, ist also eine Materialkonstante. Aus Gründen, die in den folgenden Abschnitten besprochen werden, setzt man

$$K = \frac{\mu}{2\pi} \ . \tag{5.1}$$

Dabei heißt μ die **Permeabilität(skonstante)** oder Induktionskonstante.

Mit Gl. (5.1) nimmt die Ausgangsgleichung die Form an:

$$F = \frac{\mu I_1 I_2 l}{2 \pi \varrho} \, .$$

(5.2)

Die Kraft zwischen den stromdurchflossenen Leitern kann nicht mit elektrostatischen Kräften erklärt werden, die zwischen den Ladungen in den Leitern wirken. Denn beide Leiter sind (bei Gleichstrom) insgesamt ungeladen. Wir begegnen hier also einer neuen Erscheinung, die wir auf magnetische Feldkräfte bzw. bewegte Ladungen zurückführen werden.

5.2.2 Die magnetische Flußdichte

Gl. (5.2) läßt sich nun so interpretieren wie in der Elektrostatik das Coulombsche Gesetz. Die Kraft, die etwa auf den vom Strom I_2 durchflossenen Leiter der Länge l wirkt, ist proportional $I_2 l$:

$$F \sim I_2 l \, .$$

Der Faktor

$$\frac{\mu I_1}{2 \pi \varrho}$$

stellt die Wirkung – genauer: die magnetische Wirkung – des vom Strom I_1 durchflossenen Leiters am Ort des zweiten Leiters dar. Der stromführende zweite Leiter gibt uns (wie die Probeladung in der Elektrostatik) die Möglichkeit, über die Messung der auf diesen Leiter wirkenden Kraft das Magnetfeld in der Umgebung des vom Strom I_1 durchflossenen Leiters zu ermitteln. Die das Feld charakterisierende magnetische Größe nennt man die **magnetische Flußdichte** B oder auch die magnetische Induktion und setzt

$$B_1 = \frac{\mu I_1}{2 \pi \varrho} \, .$$

(5.3)

Da die Flußdichte B_1 im vorliegenden Fall nicht von einem Winkel, sondern nur dem Abstand von der Leiterachse abhängt, handelt es sich hier um ein zylindersymmetrisches Feld. Das zeigen auch die bekannten Versuche mit Eisenfeilspänen. Diese orientieren sich so, wie es die kreisförmigen Linien in Bild 5.5 zeigen. Als Richtung des Feldvektors $\vec{B}$ ist in Analogie zur Elektro-

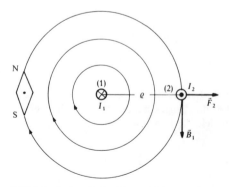

Bild 5.5.   Leiter (2) im Magnetfeld von Leiter (1)

statik willkürlich diejenige gewählt worden, in die sich ein frei beweglicher Nordpol (den es nach Abschnitt 5.1 nicht gibt) bewegen würde. Das ist gleichzeitig die Richtung, in die der Nordpol der in Bild 5.5 skizzierten Magnetnadel zeigt. Mit dieser willkürlichen Definition ergibt sich, daß die Richtung des Feldes und die des Stromes im Sinne der **Rechtsschraubenregel** miteinander verknüpft sind (s. auch Bild 5.6 und Bild 5.14).

Setzt man Gl. (5.3) in Gl. (5.2) ein, so erhält man für die Kraft auf einen stromdurchflossenen geraden Leiter der Länge l, der sich in einem Magnetfeld der Flußdichte B befindet, den Ausdruck

$$F = I\,l\,B. \tag{5.4}$$

In dieser Form gilt die Gleichung nur, wenn das Magnetfeld senkrecht auf dem Leiter steht. Gl. (5.4) soll nun benutzt werden, um eine mögliche Maßeinheit der magnetischen Flußdichte zu bestimmen. Es wird

$$B = \frac{F}{I\,l}$$

und damit

$$[B] = \frac{[F]}{[I]\,[l]} = \frac{\text{N}}{\text{Am}} = \frac{\text{Vs}}{\text{m}^2}.$$

B ist also – wie die Verschiebungsdichte D – eine flächenbezogene Größe, daher die Bezeichnung magnetische Flußdichte. Man hat für B eine spezielle Einheit eingeführt:

$$1\,\frac{\text{Vs}}{\text{m}^2} = 1\ \text{Tesla} = 1\ \text{T}.$$

Häufig wird noch die veraltete Einheit Gauß verwendet:

$$10^{-4}\,\frac{\text{Vs}}{\text{m}^2} = 1\ \text{Gauß} = 1\ \text{G}.$$

Felder der Stärke 1 T treten in elektrischen Maschinen auf. Ein Beispiel für ein Feld, dessen Stärke in der Größenordnung von 1 G liegt, ist das **magnetische Erdfeld.**

5.2.3 Die Kraft auf stromdurchflossene Leiter im Magnetfeld

Einen speziellen Ausdruck für die Kraft auf einen stromdurchflossenen Leiter, der einem Magnetfeld ausgesetzt ist, stellt Gl. (5.4) dar. Tritt zwischen den Richtungen von Feld und Leiter kein rechter, sondern ein beliebiger Winkel auf (Bild 5.6), so ergibt sich experimentell

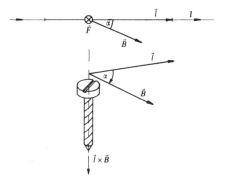

Bild 5.6.   Kraft auf stromdurchflossenen Leiter im Magnetfeld; Kreuzprodukt und Rechtsschraubenregel

$$F = IlB\sin\alpha.\tag{5.5}$$

Die Richtung der Kraft steht senkrecht auf dem Leiter und dem Magnetfeld. Ordnet man der Länge einen Vektor zu, dessen Betrag der Länge entspricht und dessen Richtung mit der des Stromes übereinstimmt, so läßt sich Gl. (5.5) unter Verwendung des in der Vektorrechnung definierten **Kreuzproduktes (Vektorproduktes)** $\vec{l} \times \vec{B}$ (gelesen: l Kreuz B) so schreiben:

$$\vec{F} = I\,\vec{l} \times \vec{B}.\tag{5.6}$$

Dabei bedeutet also $\vec{l} \times \vec{B}$ einen Vektor, der auf $\vec{l}$ und $\vec{B}$ senkrecht steht und dessen Betrag

$$lB\sin\alpha = lB\sin(\vec{l}, \vec{B})$$

ist. Die Richtung von $\vec{l} \times \vec{B}$ (einschließlich Vorzeichen) erhält man so: Man denkt sich $\vec{l}$ auf kürzestem Weg in die Richtung von $\vec{B}$ gedreht, wobei dieser Drehbewegung eine Richtung gemäß der Rechtsschraubenregel zugeordnet wird, Bild 5.6.

Befindet sich ein stromdurchflossener, dünner, nicht geradliniger Draht in einem inhomogenen Magnetfeld (Bild 5.7), so kann Gl. (5.6) nur auf ein kleines Leiterelement $\Delta\vec{s}$ angewendet werden, auf dem $\vec{B}$ in erster Näherung konstant ist:

$$\boxed{\Delta\vec{F} = I\,\Delta\vec{s} \times \vec{B}}.\tag{5.7}$$

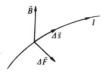

Bild 5.7.   Stromdurchflossenes Leiterelement im Magnetfeld

Die Gesamtkraft folgt durch Integration:

$$\vec{F} = I \int_L d\vec{s} \times \vec{B}.\tag{5.8}$$

Bei räumlich verteilter elektrischer Strömung ist ein Volumenelement zu betrachten, wie es in Bild 5.8 dargestellt ist. Hier müssen ΔA und Δs so klein gewählt werden, daß in dem Volumen-

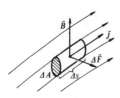

Bild 5.8.   Durchströmtes Volumenelement im Magnetfeld

element die Größen $\vec{B}$ und $\vec{J}$ in erster Näherung als konstant angesehen werden können. Dann folgt aus Gl. (5.5)

$$\Delta F = J\,\Delta A\,\Delta s\,B\sin\alpha = \Delta V\,J\,B\sin\alpha$$

und in Vektorschreibweise

$$\Delta \vec{F} = \Delta V \vec{J} \times \vec{B} \,.$$ (5.9)

Bewegt sich eine Ladung ΔQ mit der Geschwindigkeit $\vec{v}$ durch ein Magnetfeld, so wirkt auf die Ladung eine Kraft, die wieder mit Gl. (5.5) berechnet werden kann. Die Ladungsbewegung durch den in Bild 5.9 gestrichelten Querschnitt innerhalb der Zeit Δt entspricht einem Strom $I = \Delta Q / \Delta t$. Damit wird

$$I \, \Delta s = \frac{\Delta Q}{\Delta t} \, \Delta s = \Delta Q \cdot v$$

Bild 5.9.   Punktladung fliegt durch Magnetfeld

und

$$\Delta F = \Delta Q \cdot v \cdot B \sin \alpha$$

oder in Vektorschreibweise

$$\Delta \vec{F} = \Delta Q \, \vec{v} \times \vec{B}$$ (5.10a)

bzw. für punktförmige Ladungen beliebiger Größe

$$\vec{F} = Q \, \vec{v} \times \vec{B} \,.$$ (5.10b)

Bei der Anwendung dieser Formel auf einen gleichstromdurchflossenen Leiter, der insgesamt ungeladen ist, muß beachtet werden, daß mit ΔQ bzw. Q nur die bewegten Ladungen, im genannten Fall also die Leitungselektronen gemeint sind.

Beispiel 5.1

Drehspule
Eine stromdurchflossene, quadratische Leiterschleife (Fläche $a^2 = A$) befindet sich in einem radialsymmetrischen Magnetfeld der Flußdichte B (Bild 5.10).

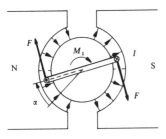

Bild 5.10.   Drehspule in radialhomogenem Feld

Auf die beiden im Querschnitt dargestellten Leiter wirkt nach Gl. (5.4) das Drehmoment

$$M_1 = 2 \cdot \frac{a}{2} \cdot I \, a \, B = A \, I \, B$$

und bei N Windungen

$$M_1 = N \, A \, I \, B \, .$$

Ergänzt man die Anordnung so durch zwei Spiralfedern, daß die Spule einem dem Winkel α proportionalen Gegendrehmoment ausgesetzt ist,

$$M_2 = konst \cdot \alpha \, ,$$

so stellt sich für $M_1 = M_2$ ein Gleichgewicht bei

$$\alpha = \frac{1}{konst} \, N \, A \, I \, B$$

ein. Der Drehwinkel α ist also dem Strom I proportional. Nach diesem Prinzip arbeiten **Drehspulmeß-geräte.**

5.3   Die Erregung des Magnetfeldes

5.3.1   Die magnetische Feldstärke

Nach Gl. (5.3) hängt die magnetische Flußdichte in der Umgebung eines stromdurchflossenen Leiters auch von dem Stoff ab, der den Leiter umgibt. Wie beim elektrischen Feld definiert man eine zweite, materialunabhängige Feldgröße. Diese nennt man die **magnetische Feldstärke** oder auch die **magnetische Erregung** und bezeichnet sie mit H. Für den stromdurchflossenen Leiter folgt aus Gl. (5.3) durch Fortlassen des Faktors μ:

$$\boxed{H = \frac{I}{2 \pi \varrho}} \, . \tag{5.11}$$

Der Zusammenhang zwischen B und H ist, wie ein Vergleich von Gl. (5.3) mit Gl. (5.11) zeigt, dann durch

$$\boxed{\vec{B} = \mu \vec{H}} \tag{5.12}$$

gegeben. (Hier wird, wie bei Gl. (3.16), ein isotropes Medium vorausgesetzt.)
Wegen Gl. (5.11) läßt sich eine mögliche Einheit von H sofort hinschreiben:

$$[H] = \frac{[I]}{[\varrho]} = \frac{\mathrm{A}}{\mathrm{m}} \, .$$

Da in Abschnitt 5.2.2 eine Einheit für die magnetische Flußdichte bereits eingeführt wurde, wird jetzt mit Gl. (5.12) eine mögliche Einheit der Permeabilität:

$$[\mu] = \frac{[B]}{[H]} = \frac{\mathrm{T}}{\mathrm{A/m}} = \frac{\mathrm{Vs \, m}}{\mathrm{m^2 \, A}} = \frac{\mathrm{Vs}}{\mathrm{Am}} \, .$$

Im Vakuum gilt für die Permeabilität:

$$\mu_0 = 4\,\pi \cdot 10^{-7}\,\frac{\text{Vs}}{\text{Am}} \approx 1{,}257 \cdot 10^{-6}\,\frac{\text{Vs}}{\text{Am}}\,.$$

Dieser spezielle Wert hat sich nicht zufällig ergeben. Es wurde vielmehr, wie die folgende Aufgabe zeigt, die Einheit der Stromstärke so definiert, daß die Größe μ_0 einen relativ einfachen Zahlenwert erhält. Man nennt μ_0 auch die magnetische Feldkonstante.

Beispiel 5.2

Die Maßeinheit Ampere
Wir lösen Gl. (5.2) nach dem Produkt der Ströme auf (mit $I_1 = I_2 = I$)

$$I^2 = \frac{2\,\pi F\,\varrho}{\mu_0 l}$$

und setzen gemäß Abschnitt 0.1.2 hier die Größen $F = 2 \cdot 10^{-7}\,\text{N}$, $\varrho = 1\,\text{m}$, $l = 1\,\text{m}$ ein:

$$I^2 = \frac{2\,\pi \cdot 2 \cdot 10^{-7}\,\text{N} \cdot \text{Am}}{4\,\pi\,10^{-7}\,\text{Vs}} = 1\,\text{A}^2\,.$$

In Analogie zu Gl. (3.18) definiert man eine **relative Permeabilität** (oder Permeabilitätszahl) μ_r:

$$\boxed{\mu = \mu_r \mu_0}\,. \tag{5.13}$$

Die magnetischen Eigenschaften der Stoffe kennzeichnet man meist durch die Größe μ_r, sofern diese nicht von der Erregung des Feldes abhängt (dann ist man auf Kennlinien angewiesen). Man unterscheidet nach der Größe von μ_r zwischen dia-, para- und ferromagnetischen Stoffen.

Bei dia- und paramagnetischen Stoffen weicht μ_r nur wenig von eins ab. Ist $\mu_r < 1$, so nennt man den Stoff **diamagnetisch**. Beispiele hierfür sind Wismut mit $\mu_r = 1 - 160 \cdot 10^{-6}$ und Kupfer mit $\mu_r = 1 - 10 \cdot 10^{-6}$. Stoffe mit $\mu_r > 1$ heißen **paramagnetisch**. Zu diesen gehören Platin mit $\mu_r = 1 + 300 \cdot 10^{-6}$ und Aluminium mit $\mu_r = 1 + 22 \cdot 10^{-6}$. In den meisten Anwendungen kann man die nichtferromagnetischen Stoffe als magnetisch neutral ansehen und mit $\mu_r = 1$ rechnen.
Bei **ferromagnetischen** Stoffen – z. B. Eisen, Kobalt, Nickel – ist $\mu_r \gg 1$. Das erkärt man sich damit, daß diese Stoffe größere Bezirke mit gleichem magnetischen Moment aufweisen (Elemen-

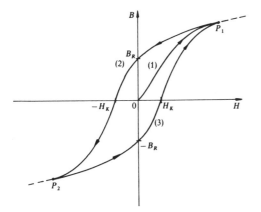

Bild 5.11.   Magnetisierungskennlinie, Hystereseschleife

tarmagnete), die sich ausrichten, wenn der Stoff einer magnetischen Erregung ausgesetzt wird. Der Zusammenhang zwischen der magnetischen Feldstärke H und der Flußdichte B ist nichtlinear und hängt außerdem von der Vorgeschichte ab; er wird durch die **Magnetisierungskennlinie** dargestellt: Bild 5.11. War der ferromagnetische Stoff noch nicht magnetisiert und läßt man die Größe H von Null auf den durch den Punkt P_1 gekennzeichneten Wert anwachsen, so erhält man die **Neukurve** (1). Bei weiterer Erhöhung von H nimmt B nur noch unwesentlich zu, es haben sich alle Elementarmagnete ausgerichtet, man befindet sich im Bereich der **Sättigung** (gestrichelte Kurve). Bei Verringern der Größe H auf Null erreicht B auf Kurve (2) den Wert B_R, die **Remanenzflußdichte.** Um B zu Null zu machen, muß man die Richtung von H umkehren und H wieder anwachsen lassen bis zum Wert $-H_K$. H_K heißt die **Koerzitivkraft.** Durch geeignete Wahl von H durchläuft man über den Punkt P_2 und schließlich auf Kurve (3) bis zum Punkt P_1 zurück eine geschlossene Schleife, die sog. **Hystereseschleife.** Die Erscheinung der Hysterese wird bei Dauermagneten ausgenutzt (Abschnitt 5.6.4.3); bei den meisten Anwendungen ist sie jedoch unerwünscht (Hystereseverluste, Abschnitt 6.2.2). Für einige wichtige Eisensorten, bei denen man von der Erscheinung der Hysterese näherungsweise absehen kann, sind in Bild 5.12 die Magnetisierungskennlinien angegeben.

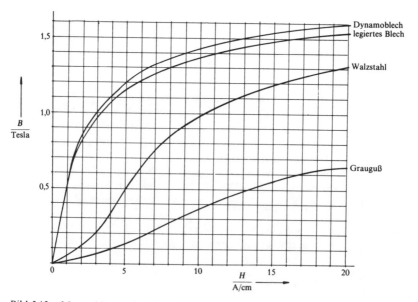

Bild 5.12.   Magnetisierungskennlinien

5.3.2   Das Durchflutungsgesetz

Schreibt man Gl. (5.11) in der Form

$$2\pi\varrho H(\varrho) = I,$$

dann läßt sich der physikalische Inhalt der Gleichung so formulieren (Bild 5.13): Das Produkt aus der magnetischen Feldstärke auf einer Feldlinie vom Radius ϱ und der Länge dieser Feldlinie $L = 2\pi\varrho$ ist gleich dem Strom, der von der Feldlinie umfaßt wird. Jetzt denken wir uns

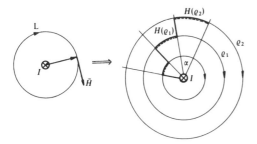

Bild 5.13. Zur »Herleitung« des Durchflutungsgesetzes

einen Umlauf, der teilweise auf einer Feldlinie vom Radius ϱ_1, teilweise auf einer solchen vom Radius ϱ_2 verläuft (Bild 5.13). Für Kreisbögen, die durch den gleichen Winkel α gekennzeichnet sind, bleibt das Produkt aus Feldstärke und Länge bei unterschiedlichem ϱ konstant:

$$H(\varrho_1)\alpha\varrho_1 = \frac{I}{2\pi\varrho_1}\alpha\varrho_1 = I\frac{\alpha}{2\pi},$$

$$H(\varrho_2)\alpha\varrho_2 = \frac{I}{2\pi\varrho_2}\alpha\varrho_2 = I\frac{\alpha}{2\pi}.$$

Damit liegt es nahe, eine beliebige Kurve L, die den stromführenden Leiter umgibt (Bild 5.14), durch eine Treppenkurve anzunähern und zu schreiben:

$$\sum_k H_k \Delta s_k = I.$$

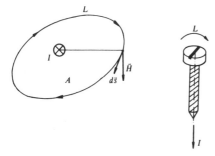

Bild 5.14. Zum Durchflutungsgesetz und zur Rechtsschraubenregel

Darin bedeutet Δs_k die Länge des k-ten Bogenelements. Faßt man Δs_k als Längenelement beliebiger Richtung auf, so darf in die obige Gleichung nur die Projektion von Δs_k in die Richtung des Bogens eingesetzt werden. Das läßt sich am einfachsten formulieren, wenn man $\vec{H}$ und $\Delta\vec{s}_k$ als Vektoren auffaßt:

$$\sum_k H_k \Delta s_k \cos(\vec{H}_k, \Delta\vec{s}_k) = \sum_k \vec{H}_k \Delta\vec{s}_k = I.$$

Gehen wir nun noch zum Grenzwert der Summe über, so erhalten wir

$$\oint_L \vec{H}\,d\vec{s} = I \qquad . \tag{5.14}$$

Das ist das **Durchflutungsgesetz**. Es faßt die experimentellen Ergebnisse über den Zusammenhang von H und I in allgemeiner Form zusammen. Die Richtung des Stromes I und die des Umlaufs L sind einander im Sinne der Rechtsschraubenregel zugeordnet. Treten gemäß Bild 5.15 mehrere Ströme durch die Fläche A, die von der Kurve L aufgespannt wird, so hat man

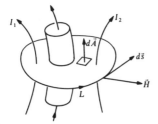

Bild 5.15.   Zum Durchflutungsgesetz in allgemeiner Form

auf der rechten Seite von Gl. (5.14) die Summe der mit dem Umlauf L verketteten Ströme einzusetzen. Diese Gesamtheit der Ströme nennt man die Durchflutung Θ:

$$\oint_L \vec{H}\,d\vec{s} = \sum_k I_k = \Theta \qquad . \tag{5.15a}$$

Bei räumlich ausgedehnter Strömung gilt:

$$\oint_L \vec{H}\,d\vec{s} = \int_A \vec{J}\,d\vec{A} \qquad . \tag{5.15b}$$

Beispiel 5.3

Zylinderspule

Bei einer Zylinderspule (Bild 5.16), deren Spulenkörper mit N Windungen gleichmäßig dicht bewickelt ist und deren Durchmesser sehr viel kleiner ist als die Spulenlänge, ist das Feld – wie Versuche mit

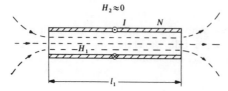

Bild 5.16.   Zylinderspule im Querschnitt

Eisenfeilspänen zeigen – im Innern praktisch homogen, im Außenraum dagegen inhomogen und von so geringer Dichte, daß wir näherungsweise $H_2 = 0$ setzen können. Damit wird aus Gl. (5.15a):

$$H_1 l_1 = \Theta = N I \rightarrow H_1 = \frac{N I}{l_1} .$$

Beispiel 5.4

Feldstärke in der Umgebung einer Doppelleitung

Zwei dünne, sehr lange, stromdurchflossene Leiter verlaufen in einem kartesischen Koordinatensystem parallel zur z-Achse (s. Bild 5.17). Man berechne die magnetische Feldstärke in der Ebene $x = 0$
a) für $I_1 = I_2 = I$,
b) für $I_1 = -I_2 = I$.

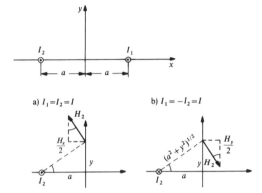

Bild 5.17.   Das Magnetfeld zwischen zwei stromdurchflossenen Leitern

Lösung:
In der Ebene $x = 0$ ist der Betrag der von den stromdurchflossenen Leitern 1 und 2 erregten magnetischen Feldstärke nach Bild 5.17:

$$H_1 = H_2 = \frac{I}{2\pi} \frac{1}{(a^2 + y^2)^{1/2}} .$$

Fall a):

$$H_y(0, y) = 0$$

$$H_x(0, y) = -2 \cdot H_{1,2} \cdot \frac{y}{(a^2 + y^2)^{1/2}}$$

$$H_x(0, y) = -\frac{I}{\pi} \frac{y}{a^2 + y^2}$$

Fall b):

$$H_x(0, y) = 0$$

$$H_y(0, y) = -2 \cdot H_{1,2} \cdot \frac{a}{(a^2 + y^2)^{1/2}}$$

$$H_y(0, y) = -\frac{I}{\pi} \frac{a}{a^2 + y^2}$$

Beispiel 5.5

Runddraht

Der in Bild 5.18 dargestellte gerade Leiter wird von dem (gleichmäßig verteilten) Gleichstrom I durchflossen. Gesucht ist die magnetische Feldstärke innerhalb und außerhalb des Leiters.

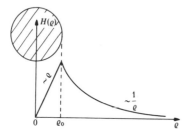

Bild 5.18.   Feld innerhalb und außerhalb eines Leiters, der von einem Gleichstrom durchflossen wird

Lösung:

Da die Anordnung rotationssymmetrisch ist, sind alle Feldlinien konzentrische Kreise. Gl. (5.14), angewendet auf einen Umlauf mit dem Radius ϱ, liefert für den Außenraum ein bereits bekanntes Ergebnis: Gl. (5.11).

Bei der Bestimmung des Feldes im Leiterinnern mit Gl. (5.14) muß man darauf achten, daß mit I nur der von dem Umlauf umfaßte Strom gemeint ist, also hier $I(\pi \varrho^2)/(\pi \varrho_0^2)$. Damit wird

$$2\pi \varrho H = I \frac{\varrho^2}{\varrho_0^2} \rightarrow H = \frac{I}{2\pi \varrho_0^2} \varrho \;.$$

Das Ergebnis ist in Bild 5.18 als Funktion $H \equiv H(\varrho)$ dargestellt.

5.3.3   Das Gesetz von Biot-Savart

Wie die Beispiele 5.3 bis 5.5 gezeigt haben, läßt sich das Durchflutungsgesetz bei vorgegebener Stromverteilung zur Ermittlung des Magnetfeldes nur heranziehen, wenn der Verlauf der magnetischen Feldlinien im Prinzip bekannt ist. Dann kann man z. B. die Integration über eine solche Feldlinie erstrecken, auf der die Feldstärke konstant ist. Damit läßt sich die Feldstärke vor das Integral ziehen, das nun leicht ausgewertet werden kann.

Viele Aufgaben, die in den Anwendungen auftreten, können mit einem anderen Gesetz gelöst werden, das denselben physikalischen Zusammenhang wie das Durchflutungsgesetz zum Inhalt hat, nur in anderer Formulierung. Dieses ist das **Gesetz von Biot-Savart:**

$$\Delta \vec{B}(P) = \frac{\mu I}{4\pi} \frac{\Delta \vec{s} \times \vec{r}^0}{r^2} \;. \tag{5.16}$$

Es gibt an, welchen Beitrag ein stromdurchflossenes Leiterelement irgendeines Stromkreises zur magnetischen Flußdichte in einem beliebigen Punkt P liefert (Bild 5.19). Durch Integration

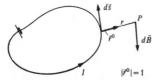

Bild 5.19.   Zum Biot-Savartschen Gesetz

über den Weg L folgt die magnetische Flußdichte auf Grund des Stromes in der geschlossenen Leiterschleife:

$$\vec{B}(P) = \frac{\mu I}{4\pi} \oint_L \frac{d\vec{s} \times \vec{r}^0}{r^2} \,. \tag{5.17}$$

Zu beachten ist, daß das Gesetz eine im ganzen Raum konstante Permeabilität voraussetzt.
Da das Durchflutungsgesetz und das Gesetz von Biot-Savart den gleichen physikalischen Zusammenhang zwischen Strom und Magnetfeld beschreiben, liegt es nahe, daß das eine Gesetz aus dem anderen hergeleitet werden kann. Das ist in der Tat möglich, allerdings nur mit relativ komplizierten Hilfsmitteln der »Theoretischen Elektrotechnik«.

Beispiel 5.6

Magnetfeld eines stromdurchflossenen Leiters endlicher Länge
Ein Stromkreis, der vom Strom I durchflossen wird, hat die Form eines regelmäßigen n-Ecks. Die Größe des n-Ecks ist durch den Radius a des eingeschriebenen Kreises gegeben.
Die magnetische Flußdichte im Mittelpunkt dieses Kreises ist zu berechnen.

Hinweis: $\displaystyle\int \frac{dx}{(1+x^2)^{3/2}} = \frac{x}{(1+x^2)^{1/2}} + C$.

Lösung:
Zunächst soll die in Bild 5.20 skizzierte Teilaufgabe gelöst werden. Hier ist

$$\frac{d\vec{s} \times \vec{r}^0}{r^2} = \vec{e}_3 \frac{ds \cdot \sin\varphi}{r^2} = \vec{e}_3 \frac{a\,ds}{r^3} = \frac{a\,ds}{(a^2+s^2)^{3/2}}\,\vec{e}_3$$

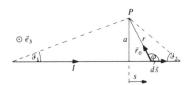

Bild 5.20. Zur Berechnung des Magnetfeldes in der Umgebung eines stromdurchflossenen Leiters endlicher Länge

und mit Gl. (5.17)

$$\vec{B}(P) = \vec{e}_3 \frac{\mu I}{4\pi} \int \frac{a\,ds}{(a^2+s^2)^{3/2}} = \vec{e}_3 \frac{\mu I}{4\pi a} \int \frac{d\left(\frac{s}{a}\right)}{\left[1+\left(\frac{s}{a}\right)^2\right]^{3/2}} = \vec{e}_3 \frac{\mu I}{4\pi a} \left. \frac{\frac{s}{a}}{\left[1+\left(\frac{s}{a}\right)^2\right]^{1/2}} \right|_{-\cot\vartheta_1}^{+\cot\vartheta_2}$$

$$= \vec{e}_3 \frac{\mu I}{4\pi a} \left\{ \frac{\cot\vartheta_2}{(1+\cot^2\vartheta_2)^{1/2}} + \frac{\cot\vartheta_1}{(1+\cot^2\vartheta_1)^{1/2}} \right\}$$

oder nach Erweitern mit dem Sinus:

$$\vec{B} = \vec{e}_3 \cdot \frac{\mu I}{4\pi a} (\cos\vartheta_2 + \cos\vartheta_1)$$

und speziell für $\vartheta_1 = \vartheta_2 = \vartheta$:

$$\vec{B} = \vec{e}_3 \frac{\mu I}{2\pi a} \cos \vartheta .$$

Damit hat man für das n-Eck nach Bild 5.21 mit $\vartheta = \frac{\pi}{2} - \frac{\pi}{n}$ und $\cos\left(\frac{\pi}{2} - \frac{\pi}{n}\right) = \sin\frac{\pi}{n}$ die Formel

$$\vec{B}(M) = \vec{e}_3 \frac{\mu n I}{2\pi a} \sin\frac{\pi}{n} .$$

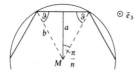

Bild 5.21. Zur Berechnung des Magnetfeldes im Mittelpunkt eines stromdurchflossenen n-Ecks

Verwendet man hier an Stelle von a den Radius b des umgeschriebenen Kreises, so wird mit $\sin\frac{\pi}{n} = \frac{a}{b}\tan\frac{\pi}{n}$:

$$\vec{B}(M) = \vec{e}_3 \frac{\mu n I}{2\pi b} \tan\frac{\pi}{n} .$$

Im Grenzfall $n \to \infty$ liefern beide Gleichungen die Flußdichte im Mittelpunkt eines Kreises vom Radius $a = b$:

$$\vec{B}(M) = \vec{e}_3 \frac{\mu I}{2a} .$$

5.4   Der magnetische Fluß

In der Elektrostatik haben wir, ausgehend von dem elektrischen Fluß, die elektrische Verschiebungsdichte $\vec{D}$ (eine flächenbezogene Größe) eingeführt. Bei elektrischen Strömungsfeldern haben wir ganz analog neben der Stromstärke I die Stromdichte $\vec{J}$ definiert.

Im vorliegenden Kapitel sind wir durch die Behandlung der Kräfte zwischen stromdurchflossenen Leitern dazu gekommen, die Stärke des magnetischen Feldes durch die magnetische Flußdichte $\vec{B}$ zu charakterisieren. Wir sind hier also zuerst der flächenbezogenen Größe begegnet und führen nun nachträglich die integrale Größe

$$\Phi = \int_A \vec{B} \cdot d\vec{A} \tag{5.18}$$

ein und nennen Φ den **magnetischen Fluß**, der die Fläche A durchsetzt. Ist $\vec{B}$ auf der Fläche A konstant und ist A eine ebene Fläche, die wir durch den Vektor $\vec{A}$ kennzeichnen, dann vereinfacht sich Gl. (5.18) zu

$$\Phi = \vec{B} \cdot \vec{A} . \tag{5.19}$$

Steht $\vec{B}$ senkrecht auf der Fläche, so hat man schließlich

$$\Phi = B A . \tag{5.20}$$

Damit läßt sich eine Einheit des Flusses angeben

$$[\Phi] = [B][A] = \frac{\mathrm{Vs}}{\mathrm{m}^2} \cdot \mathrm{m}^2 = \mathrm{Vs},$$

wofür die Bezeichnung

$$1\,\mathrm{Vs} = 1\,\mathrm{Weber} = \underline{1\,\mathrm{Wb}}$$

eingeführt wurde.

Eine besondere Eigenschaft des Feldes der magnetischen Flußdichte ist seine **Quellenfreiheit**, d. h. die Feldlinien der magnetischen Flußdichte haben weder Anfang noch Ende, da es keine magnetischen Ladungen gibt. Das bedeutet, daß die Summe aller magnetischen Teilflüsse, die in irgendein Volumen eintreten, gleich der Summe der Teilflüsse sein muß, die aus dem Volumen austreten. Diesen Sachverhalt formulieren wir in Analogie zu Gl. (4.3) so:

$$\oint_A \vec{B} \cdot d\vec{A} = 0 \qquad . \tag{5.21}$$

Beispiel 5.7

Doppelleitung
Es ist der magnetische Fluß gesucht, der von den beiden Leitern der Doppelleitung (Bild 5.4 bzw. 5.22) umfaßt wird.

Lösung:
Um Gl. (5.18) bequem auswerten zu können, wählen wir eine ebene Fläche A gemäß Bild 5.22. Mit Gl. (5.11) folgt für den vom Strom im linken Leiter erzeugten Fluß:

$$\Phi_1 = \int_A B\,dA = \frac{\mu_0 Il}{2\pi} \int_{\varrho_0}^{d} \frac{d\varrho}{\varrho} = \frac{\mu_0 Il}{2\pi} \ln \frac{d}{\varrho_0}.$$

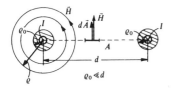

Bild 5.22. Doppelleitung: Zur Berechnung des magnetischen Flusses zwischen Hin- und Rückleitung

Der Strom im rechten Leiter liefert den gleichen Beitrag, damit hat man für den Fluß pro Länge:

$$\Phi' = \frac{2\Phi_1}{l} = \frac{\mu_0 I}{\pi} \ln \frac{d}{\varrho_0}.$$

5.5   Bedingungen an Grenzflächen *(mit unterschiedlichen μ Werten)*

Nachdem wir die analogen Bedingungen für das elektrostatische Feld in Abschnitt 3.9 und die für das elektrische Strömungsfeld in Abschnitt 4.4 hergeleitet haben, kann auf die Darstellung der Einzelheiten verzichtet werden. Wie wir den Gaußschen Satz der Elektrostatik auf einen flachen Zylinder gemäß Bild 3.35 angewendet haben, so gehen wir jetzt von dem Satz über die Quellenfreiheit der magnetischen Flußdichte aus, Gl. (5.21), und finden

$$B_{2n} = B_{1n}$$ (5.22)

Die Normalkomponente der magnetischen Flußdichte verhält sich an einer Grenzfläche also stetig.
Um das Verhalten der Tangentialkomponenten des magnetischen Feldes zu bestimmen, wendet man das Durchflutungsgesetz, Gl. (5.14), auf einen Umlauf nach Bild 3.36 an und erhält, sofern in der Grenzschicht kein Strom fließt:

$$H_{2t} = H_{1t}$$ (5.23)

Die Tangentialkomponente der magnetischen Feldstärke zeigt also ein stetiges Verhalten an der Grenzschicht zwischen zwei Materialien mit unterschiedlichen μ-Werten.
Das Brechungsgesetz für magnetische Feldlinien lautet in Analogie zu Gl. (3.54) bzw. Gl. (4.19):

$$\frac{\tan \alpha_1}{\tan \alpha_2} = \frac{\mu_1}{\mu_2}$$ (5.24)

Bild 5.23 verdeutlicht das Brechungsgesetz für einen wichtigen Sonderfall. Es ist hier μ_2 sehr viel größer als μ_1. Die Linien der magnetischen Flußdichte stehen im Medium 1 nahezu senk-

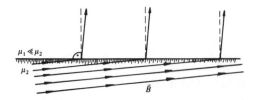

Bild 5.23.   Zum Brechungsgesetz der magnetischen Feldlinien für $\mu_2 \gg \mu_1$. Hinweis: $\mu_{\text{Eisen}} \approx 10^4 \mu_0$

recht auf der Grenzschicht. Im Medium 2 verlaufen sie dagegen fast parallel zur Grenzschicht und weisen eine hohe Dichte auf. Das bedeutet, daß die Feldlinien im vorliegenden Fall von dem Medium mit der hohen Permeabilität »geführt« werden. Darauf beruht die große Bedeutung der ferromagnetischen Stoffe in der Elektrotechnik (z. B. bei Transformatoren und elektrischen Maschinen).

5.6 Magnetische Kreise

5.6.1 Grundlagen und Analogien

Die Grundlagen zur Berechnung magnetischer Kreise sind ähnlich den Gesetzen, die wir in den Abschnitten über Elektrostatik und elektrische Strömungsfelder kennengelernt haben. Wir stellen die wichtigsten Beziehungen hier noch einmal zusammen, und zwar im oberen Drittel der Tabelle für Feldgrößen, im unteren Drittel für integrale Größen; die Zusammenhänge zwischen Feldgrößen und integralen Größen sind in den beiden mittleren Zeilen angegeben:

Elektrostatik	stationäre elektrische Strömungsfelder	stationäre Magnetfelder
$\oint_A \vec{D}\, d\vec{A} = Q$	$\oint_A \vec{J}\, d\vec{A} = 0$	$\oint_A \vec{B}\, d\vec{A} = 0$
$\oint_L \vec{E}\, d\vec{s} = 0$	$\oint_L \vec{E}\, d\vec{s} = 0$	$\oint_L \vec{H}\, d\vec{s} = \Theta$
$\vec{D} = \varepsilon \vec{E}$	$\vec{J} = \gamma \vec{E}$	$\vec{B} = \mu \vec{H}$
$\Psi_e = \int_A \vec{D}\, d\vec{A}$	$I = \int_A \vec{J}\, d\vec{A}$	$\Phi = \int_A \vec{B}\, d\vec{A}$
$U = \int_L \vec{E}\, d\vec{s}$	$U = \int_L \vec{E}\, d\vec{s}$	$V = \int_L \vec{H}\, d\vec{s}$
$\sum \Psi_e = Q$	$\sum I = 0$	$\sum \Phi = 0$
$\sum U = 0$	$\sum U = 0$	$\sum V = \Theta$
$\left. \begin{matrix} Q \\ \Psi_e \end{matrix} \right\} = C\,U$	$I = G\,U$	$\Phi = \begin{cases} L\,I \\ \Lambda\,V \end{cases}$

Aus der ersten Zeile geht hervor, daß das elektrostatische Feld, im Gegensatz zu den beiden anderen Feldtypen, nicht quellenfrei ist. Die zweite Zeile zeigt, daß von den hier verglichenen Feldtypen nur das magnetische Feld nicht wirbelfrei ist. Sonst bestehen so weitgehende Übereinstimmungen, daß wir teilweise die gleichen Methoden benutzen und ganz analoge Begriffe bilden werden, z. B. die magnetische Spannung V, den magnetischen Leitwert Λ. Diese Bezeichnungen kommen in der Tabelle schon vor, werden aber erst später erläutert.

5.6.2 Der magnetische Kreis ohne Verzweigung

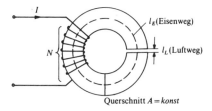

Bild 5.24. Magnetischer Kreis

Wir betrachten den magnetischen Kreis nach Bild 5.24. Dieser besteht aus einem Eisenring mit einem Luftspalt. Der Ring trägt eine stromdurchflossene Spule mit N Windungen. Die Querschnittsabmessungen des Ringes sollen im Vergleich zum Radius einer Feldlinie so klein sein, daß man das Magnetfeld im Eisen näherungsweise als homogen ansehen kann. Die Länge einer mittleren Feldlinie im Eisen beträgt l_E. Ist die Länge des Luftspalts l_L sehr klein gegenüber der Breite des Luftspalts, so kann man das Feld auch hier als homogen ansehen und Feldlinien am Rand des Luftspalts, die das sogenannte Streufeld bilden, vernachlässigen.

Unter den genannten Voraussetzungen ist wegen des stetigen Übergangs der Normalkomponente der Flußdichte

$$B_E = B_L = B$$

und auf Grund des Durchflutungsgesetzes

$$H_E l_E + H_L l_L = N I = \Theta . \tag{5.25}$$

Aus diesen beiden Gleichungen folgt mit $B = \mu H$:

$$\frac{B}{\mu_E} l_E + \frac{B}{\mu_L} l_L = \Theta .$$

Erweitert man die linke Seite mit dem Querschnitt A und klammert dann den magnetischen Fluß $\Phi = B A$ aus, so hat man

$$\Phi \left(\frac{l_E}{\mu_E A} + \frac{l_L}{\mu_L A} \right) = \Theta . \tag{5.26}$$

Die beiden Summanden in der Klammer sind genauso gebildet wie die Ausdrücke für den elektrischen Widerstand eines Leiters der Länge l, des Querschnitts A und der Leitfähigkeit γ. Das legt es nahe, ein magnetisches Analogon zu definieren, den **magnetischen Widerstand** R_m:

$$R_m = \frac{l}{\mu A} . \tag{5.27}$$

Den Kehrwert von R_m nennt man den **magnetischen Leitwert** Λ:

$$\Lambda = \frac{1}{R_m} = \frac{\mu A}{l} . \tag{5.28}$$

Dann läßt sich Gl. (5.26) schreiben als

$$\Phi (R_{mE} + R_{mL}) = \Theta . \qquad \Rightarrow \phi = \Theta \cdot \Lambda$$

Vergleicht man diese Gleichung mit Gl. (5.25), so hat man z. B.

$$H_E l_E = \Phi R_{mE} .$$

Bezeichnet man nun in Analogie zum elektrischen Fall das Produkt aus Feldstärke und Weg als Spannung und kennzeichnet diese hier mit dem Buchstaben V, also

$$H l = V , \tag{5.29}$$

so erhält man das **Ohmsche Gesetz des magnetischen Kreises:**

$$V = R_m \Phi \quad \text{bzw.} \quad \Phi = \Lambda V . \tag{5.30}$$

Die Größe Φ entspricht offensichtlich dem elektrischen Strom. Der Index E wurde hier fortgelassen, weil die Beziehungen für einen beliebigen Abschnitt eines magnetischen Kreises gelten.

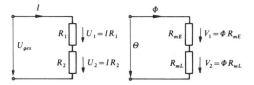

Bild 5.25. Elektrischer Stromkreis und analoges magnetisches Ersatzschaltbild

Mit den soeben eingeführten Definitionen läßt sich für den behandelten magnetischen Kreis das Ersatzschaltbild nach Bild 5.25 zeichnen: Die magnetische »Quellenspannung« Θ wirkt auf die Reihenschaltung aus den beiden magnetischen Widerständen R_{mE} und R_{mL}.

5.6.3 Der magnetische Kreis mit Verzweigung

Es soll der magnetische Kreis nach Bild 5.26 behandelt werden. Wie beim unverzweigten magnetischen Kreis, so wird auch hier das Feld in allen drei Abschnitten (Zweigen) als homogen

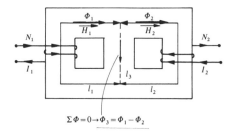

$$\Sigma \Phi = 0 \rightarrow \Phi_3 = \Phi_1 - \Phi_2$$

Bild 5.26. Magnetischer Kreis mit Verzweigung

angesehen. Dann können wir wieder mit dem mittleren Eisenweg arbeiten. Wir nehmen an, daß auf den eingetragenen Eisenwegen l_1, l_2, l_3 die Querschnitte jeweils konstant bleiben. Dann sind auf diesen drei Abschnitten die Flußdichten und damit auch die Feldstärken jeweils konstant.
Es gelten hier ganz analoge Vorzeichenregeln wie bei elektrischen Netzen. So müssen wir z. B. zuerst Zählpfeile für die Flüsse festlegen (die mit den Zählrichtungen der Feldstärken übereinstimmen) und uns für bestimmte Umlaufrichtungen entscheiden. Zusätzlich ist zu beachten, daß die Durchflutungen nur dann positiv einzusetzen sind, wenn sie mit den gewählten Umlaufrichtungen im Sinne der Rechtsschraubenregel verknüpft sind.
Bei Beachtung dieser Regeln und im Hinblick auf Bild 5.26 folgt aus der Quellenfreiheit des magnetischen Feldes (dieses Gesetz muß jetzt zusätzlich berücksichtigt werden)

$$\Phi_1 - \Phi_2 - \Phi_3 = 0$$

und aus dem Durchflutungsgesetz, angewendet auf die Umläufe l_1, l_2 und l_1, l_3:

$$H_1 l_1 + H_2 l_2 = N_1 I_1 + N_2 I_2 ,$$

$$H_1 l_1 + H_3 l_3 = N_1 I_1 .$$

Weitere von diesen unabhängige Gleichungen gibt es nicht.

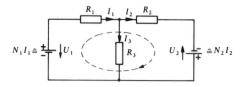

Bild 5.27.   Analoges Netzwerk (zu Bild 5.26)

Sind die Abmessungen und Materialeigenschaften (also die Werte von μ) des magnetischen Kreises bekannt, so kann man die magnetischen Widerstände der drei Abschnitte l_1, l_2, l_3 ausrechnen und hat das Ersatzschaltbild nach Bild 5.27. Dieses läßt sich mit den aus Kapitel 2 bekannten Methoden behandeln.

Leider ist es in vielen praktischen Fällen so, daß man die Nichtlinearität des Zusammenhangs zwischen magnetischer Spannung und magnetischem Fluß bei ferromagnetischen Stoffen be-

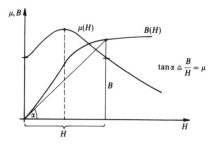

Bild 5.28. $\mu \equiv \mu(H)$, $B \equiv B(H)$

rücksichtigen muß. Dann kann man z. B. den magnetischen Widerstand nicht mehr nach Gl. (5.27) ausrechnen, weil die Größe μ unbekannt ist und gemäß Bild 5.28 von der in vielen Fällen gerade gesuchten Größe H abhängt.

5.6.4   Nichtlineare magnetische Kreise

5.6.4.1   Eine Methode zur Bestimmung der Magnetisierungskennlinie

Wir betrachten wieder die Anordnung nach Bild 5.24 und wollen unter gleichen Voraussetzungen hinsichtlich der Abmessungen wie in Abschnitt 5.6.2 die Magnetisierungskurve ermitteln.

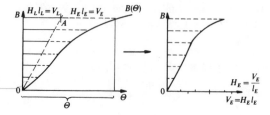

Bild 5.29.   Zur Bestimmung der Magnetisierungskennlinie

Die Abmessungen des magnetischen Kreises seien gegeben und der Zusammenhang zwischen dem Strom I (bzw. $NI = \Theta$) und der Flußdichte im Luftspalt sei z. B. mit Hilfe einer Hallsonde gemessen worden (Bild 5.29).

Das Durchflutungsgesetz gemäß Gl. (5.25) kann, da im Luftspalt $B = \mu_0 H$ gilt, geschrieben werden als

$$H_E l_E + \frac{B}{\mu_0} l_L = \Theta . \tag{5.31}$$

Die Größe B stellt hier, da wir die Streuung wieder vernachlässigen, die Flußdichte im Luftspalt und im Eisen dar. Aus der Kurve nach Bild 5.29 läßt sich für ein beliebiges Θ das zugehörige B ablesen und damit der zweite Summand auf der linken Seite von Gl. (5.31) berechnen. Dieser Summand stellt die magnetische Spannung im Luftspalt V_L dar, die in das Bild eingetragen wird. Die Differenz zwischen Θ und V_L ist dann die magnetische Spannung im Eisen V_E. Wegen des linearen Zusammenhangs zwischen V_L und der Flußdichte B kann V_L für jeden Wert von B sofort in das Bild eingetragen werden, nachdem man eine Hilfslinie von A zum Koordinatenursprung gezogen hat. Die rechts von dieser Hilfslinie liegenden (gestrichelten) Strecken bis zur Kurve $B(\Theta)$ stellen die Funktion $B(V_E)$ dar, die man am besten in ein besonderes Koordinatensystem einträgt (Bild 5.29, rechter Teil). Rechnet man jetzt noch den Maßstab auf der Abszissenachse gemäß $H_E = V_E/l_E$ um, so hat man die gesuchte Magnetisierungskennlinie des Eisenkerns gefunden.

5.6.4.2 Das Verfahren der Scherung

In manchen Fällen, z. B. bei Spulen mit Eisenkern, sind Änderungen der Eisenpermeabilität in Abhängigkeit vom Strom unerwünscht. Dann kann man den Eisenkern mit einem Luftspalt versehen und erzielt damit einen »linearisierenden Effekt«. Dieses Verfahren nennt man Scherung.

Die folgende Betrachtung macht das deutlich. Gegeben sei wieder die Anordnung nach Bild 5.24. Bekannt seien die Abmessungen des magnetischen Kreises und die Magnetisierungskurve der verwendeten Eisensorte. Gesucht ist die magnetische Flußdichte im Luftspalt (und damit im Eisen, wenn wieder die Streuung vernachlässigt wird) als Funktion des in der Wicklung fließenden Stromes. Wir gehen von Gl. (5.31) aus

$$H_E l_E + \frac{B}{\mu_0} l_L = \Theta$$

und haben damit eine erste Bedingung, der die gesuchte Lösung genügen muß. Hierin treten H_E und B als Unbekannte auf. Zur Lösung brauchen wir also noch eine zweite Bedingung, und diese stellt die hier vorgegebene Magnetisierungskennlinie dar (Bild 5.30). Es kommt jetzt darauf an, den durch das Durchflutungsgesetz vorgegebenen Zusammenhang zwischen den beiden Unbekannten H_E und B in das Diagramm einzutragen. Es handelt sich um einen linearen Zusammenhang, den wir am besten in der Achsenabschnittsform darstellen:

$$\frac{H_E}{\Theta/l_E} + \frac{B}{\mu_0 \Theta/l_L} = 1 . \tag{5.32}$$

Wir lesen ab, daß diese Gerade, die man die **Scherungsgerade** nennt, die Ordinatenachse im Punkt $\mu_0 \Theta/l_L$ schneidet, die Abszissenachse im Punkt Θ/l_E (vgl. Bild 5.30). Beide Bedingungen sind gleichzeitig im Punkt A erfüllt, womit die gesuchte Flußdichte abgelesen werden kann. Zu diesem Wert von B gehört die Durchflutung Θ, die auf der Abszissenachse in spezieller, näm-

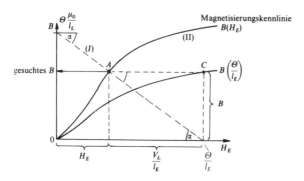

Bild 5.30. Zum Verfahren der Scherung

lich auf l_E bezogener Form auftritt. Der Abschnitt zwischen Ordinatenachse und dem Punkt A ist die auf l_E bezogene magnetische Spannung (also H_E), der sich anschließende, gestrichelt gezeichnete Abschnitt die auf l_E bezogene magnetische Spannung im Luftspalt. Punkt C gehört dann offensichtlich zur Kurve $B(\Theta/l_E)$, die man als gescherte Kurve bezeichnet. Diese läßt sich bequem zeichnen, wenn man sich verschiedene Werte der Durchflutung vorgibt $(\Theta_1, \Theta_2, \ldots)$ und mit Hilfe der eben beschriebenen Konstruktion weitere Kurvenpunkte ermittelt. Die Scherungsgeraden haben nach Gl. (5.32) alle die gleiche Steigung, sind also zueinander parallel: Bild 5.31. Die erhaltene neue Kennlinie verläuft weniger stark gekrümmt und wesent-

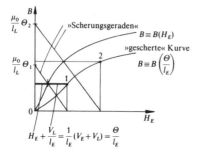

Bild 5.31. Konstruktion der »gescherten« Kennlinie

lich flacher als die Magnetisierungskurve. Der Luftspalt hat also einen linearisierenden Effekt und verringert gleichzeitig die magnetische Flußdichte.

5.6.4.3 Der Dauermagnet

Der Dauermagnet habe die in Bild 5.24 skizzierte Form. Eine Wicklung ist jetzt nicht vorhanden. Hinsichtlich der Abmessungen gelten dieselben Voraussetzungen wie in Abschnitt 5.6.2. Die Eisenkennlinie sei bekannt. Gefragt ist nach der Flußdichte im Luftspalt.

Für den Zusammenhang zwischen B und H_E gilt einmal das Durchflutungsgesetz nach Gl. (5.31), wobei jedoch wegen der fehlenden stromführenden Wicklung die rechte Seite verschwindet:

$$H_E l_E + \frac{B}{\mu_0} l_L = 0 \quad \text{oder} \quad B = -\mu_0 H_E \frac{l_E}{l_L} . \tag{5.33}$$

Als zweite Bedingung haben wir die Hystereseschleife des Kernmaterials, bei der wir vom oberen Remanenzpunkt ($H_E = 0$, $B = B_R$) ausgehen (Bild 5.32). Wir haben nun die aus dem Durchflutungsgesetz folgende Gerade in das Diagramm einzutragen, erhalten den Schnitt-

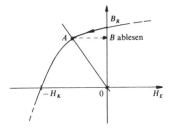

Bild 5.32.   *B* im Luftspalt eines Dauermagneten

punkt *A*, in dem beide Bedingungen erfüllt sind, und lesen das gesuchte *B* ab. Die Steigung der Geraden nach Gl. (5.33) nimmt mit wachsender Luftspaltlänge ab, damit wird *B* kleiner. Wir begegnen hier also wieder der entmagnetisierenden Wirkung des Luftspalts.

Beispiel 5.8

Magnetischer Kreis
Gegeben ist der in Bild 5.33 dargestellte magnetische Kreis mit folgenden Daten:

$$NI = \Theta = 1308 \, \text{A}$$
$$l_1 + l_2 = l_3 + l_4 = 30 \, \text{cm}; \quad A_{1,2,3,4} = 4 \, \text{cm}^2$$
$$l_5 \quad = 10 \, \text{cm} \qquad ; \quad A_5 \qquad = 8 \, \text{cm}^2$$
$$l_L \quad = 0{,}1 \, \text{cm}$$

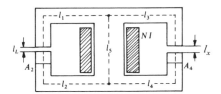

Bild 5.33.   Magnetischer Kreis: Beispiel 5.8; mittlerer Eisenweg gestrichelt

Magnetisierungskennlinie

$\dfrac{B}{\text{T}}$	0	0,628	0,942	1,256	1,500
$\dfrac{H}{\text{A/cm}}$	0	1,7	3,8	9	24

Wie groß muß die Länge $l_x = x \cdot \text{cm}$ des rechten Luftspalts sein, damit im linken Luftspalt die Flußdichte $B_L = 1{,}256 \, \text{T}$ entsteht? (Die Streuung ist zu vernachlässigen.)

Lösung:

Die Lösung stellen wir in tabellarischer Form dar, wobei Pfeile die Reihenfolge der Rechenschritte bezeichnen.

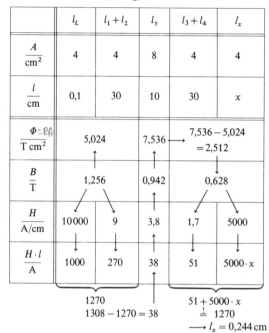

Abschnitt (Zweig)

	l_L	$l_1 + l_2$	l_s	$l_3 + l_4$	l_x
$\dfrac{A}{cm^2}$	4	4	8	4	4
$\dfrac{l}{cm}$	0,1	30	10	30	x
$\dfrac{\Phi = BA}{T\,cm^2}$	5,024		7,536 $\longrightarrow$	$\begin{array}{c}7,536 - 5,024\\ = 2,512\end{array}$	
$\dfrac{B}{T}$	1,256		0,942	0,628	
$\dfrac{H}{A/cm}$	10 000	9	3,8	1,7	5000
$\dfrac{H \cdot l}{A}$	1000	270	38	51	$5000 \cdot x$

$B = \mu H$

$$1270$$
$$1308 - 1270 = 38$$

$$51 + 5000 \cdot x$$
$$\stackrel{!}{=} 1270$$
$$\longrightarrow l_x = 0,244\,cm$$

6. Zeitlich veränderliche magnetische Felder

6.1 Induktionswirkungen

6.1.1 Das Induktionsgesetz in einfacher Form

Bewegt sich ein insgesamt ungeladener leitender Stab gemäß Bild 6.1 durch ein Magnetfeld, so erfahren die Ladungsträger nach Gl. (5.10) eine Kraftwirkung: Die negativen Leitungselektronen

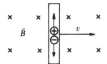

Bild 6.1.   Ungeladener Leiterstab bewegt sich durch Magnetfeld

wandern im vorliegenden Fall an das untere Ende des Stabes, an dem dann negative Ladungen vorherrschen, während das obere Ende durch die Abwanderung der negativen Elektronen positiv geladen ist. Zwischen den Ladungen entgegengesetzten Vorzeichens an den Endes des Stabes entsteht ein elektrisches Feld $\vec{E}$, das von den positiven zu den negativen Ladungen gerichtet ist. Dieses Feld wird innerhalb des Leiters offensichtlich durch den Einfluß der magnetischen Feldstärke aufgehoben. Das Leiterinnere muß nämlich feldfrei sein, weil sonst noch ein Strom fließen würde. Es liegt nahe, die Größe $\vec{v} \times \vec{B}$, die der Dimension nach eine elektrische Feldstärke ist, als Gegenfeldstärke aufzufassen, die durch magnetische Feldkräfte bedingt ist. Wir nennen sie $\vec{E}_m$ und können dann mit

$$\vec{E}_m = \vec{v} \times \vec{B}$$

die Feldfreiheit im Leiter so formulieren:

$$\vec{E} + \vec{E}_m = 0 \quad \text{oder} \quad \vec{E} = -\vec{v} \times \vec{B} \,.$$

Um einen Zusammenhang mit den bisher verwendeten Begriffen herzustellen, führen wir gemäß Bild 6.2 ein Gedankenexperiment durch. Wir denken uns den bisher betrachteten Leiterstab

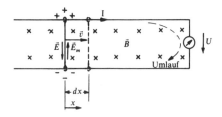

Bild 6.2.   Zum Induktionsgesetz

mit leitenden Schienen so verbunden, daß in einem ruhenden Meßinstrument die Spannung U gemessen werden kann. (Es soll sich um ein ideales Meßinstrument handeln, so daß nur ein verschwindend kleiner Meßstrom fließt.) Zunächst drücken wir U durch $E \cdot l$ aus, wobei l den Abstand zwischen den Schienen bedeutet. Da $\vec{v}$ und $\vec{B}$ hier aufeinander senkrecht stehen, wird $E = vB$ und somit

$$U = vBl. \tag{6.1}$$

U nennt man die **induzierte Spannung.** Wird der Leiterstab innerhalb der Zeit dt umd dx nach rechts verschoben, so läßt sich für U weiter schreiben:

$$U = \frac{dx}{dt} Bl = -B \frac{dA}{dt} = -\frac{d\Phi}{dt}.$$

Das Minuszeichen kommt dadurch zustande, daß die von der Leiterschleife umschlossene Fläche A bei einem Zuwachs von x abnimmt. Damit lautet das **Induktionsgesetz** in einfachster Form

$$U = -\frac{d\Phi}{dt}. \tag{6.2}$$

Die induzierte Spannung ist also der zeitlichen Abnahme des Flusses proportional, der von der Leiterschleife umfaßt wird. Diese Spannung entsteht auch (wie die Erfahrung zeigt), wenn die Flußänderung dadurch zustandekommt, daß ein sich zeitlich änderndes Magnetfeld eine starre und unbewegte Leiterschleife durchsetzt. Man sollte beachten, daß der Fluß Φ und die Umlaufrichtung (und damit die Zählrichtung der Spannung) im Sinne der Rechtsschrauben-regel miteinander verknüpft sind.

6.1.2 Die Lenzsche Regel

Um das Induktionsgesetz noch etwas anschaulicher zu machen, betrachten wir Bild 6.3. Dort sind im rechten und linken Teilbild zwei Leiterschleifen dargestellt. In der oberen Leiterschleife fließt jeweils ein Strom i_e, der einen (primären) magnetischen Fluß Φ_e erregt. Dieser Fluß durchsetzt, wenn man von der Streuung einmal absieht, auch die untere Leiterschleife. Erhöht man nun in der linken Anordnung den Strom um di_e, so wächst der Fluß um $d\Phi_e$ an und hat in der unteren Windung nach dem Induktionsgesetz eine Spannung und damit einen Strom i_i der eingetragenen Richtung zur Folge. Dieser Strom regt seinerseits einen sekundären Magnet-fluß Φ_{sek} an, der den ursprünglichen Fluß Φ_e zu vermindern sucht. Im rechten Teilbild soll der Strom i_e abnehmen, wodurch ein sekundärer Fluß entsteht, der den ursprünglichen Fluß ver-

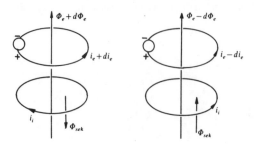

Bild 6.3.   Zur Lenzschen Regel

stärkt. Der sekundäre Fluß wirkt also jedes Mal der Ursache entgegen. Diese Erscheinung ist unter dem Namen **Lenzsche Regel** bekannt.

6.1.3 Die zweite Maxwellsche Gleichung

Eine allgemeine Form des Induktionsgesetzes erhalten wir, wenn wir zunächst den Fluß durch Gl. (5.18) darstellen:

$$u(t) = -\frac{d}{dt} \int_A \vec{B} d\vec{A}.$$

$$\phi = \int_A B d\vec{A}$$

$$(6.3)$$

In dem zugehörigen Bild 6.4 besteht die Leiterschleife aus einem widerstandslosen Draht und einem idealen Spannungsmesser. Ist die Leiterschleife aus mehreren Abschnitten zusammen-

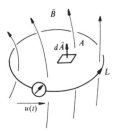

Bild 6.4. Leiterschleife und zeitlich sich änderndes Magnetfeld

gesetzt, auf denen die Teilspannungen u_k auftreten, so hat man die linke Seite von Gl. (6.3) als $\sum_k u_k$ zu schreiben. Sind die elektrischen Feldstärken auf den einzelnen Abschnitten der Länge Δs_k konstant, so kann man weiter setzen

$$u(t) = \sum_k u_k = \sum_k E_k \Delta s_k = -\frac{d}{dt} \int \vec{B} d\vec{A}.$$

Haben $\vec{E}_k$ und $\Delta \vec{s}_k$ die gleiche Richtung, so ist $E_k \Delta s_k = \vec{E}_k \Delta \vec{s}_k$ und damit schließlich, wenn man von der Summe zum Integral übergeht:

$$\oint_L \vec{E} d\vec{s} = -\frac{d}{dt} \int_A \vec{B} d\vec{A}.$$

$$(6.4)$$

Bei der Herleitung dieser Gleichung wurde vorausgesetzt, daß der Umlauf L entlang der Leiterschleife erfolgt und daß auf dieser an jeder Stelle die elektrische Feldstärke und das Wegelement, das einen Teil des Umlaufs bildet, die gleiche Richtung haben. Die Erfahrung zeigt jedoch, daß das durch Gl. (6.4) dargestellte Induktionsgesetz von viel allgemeinerer Gültigkeit ist. Es gilt auch bei Abwesenheit von Leitern und der Umlauf braucht nicht mit einer Feldlinie zusammenzufallen (Bild 6.5). Die Form der Fläche A, die von der Randkurve L aufgespannt wird, kann ganz beliebig sein. In dieser allgemeinen Bedeutung nennt man Gl. (6.4) die **2. Maxwellsche Gleichung.** Es sei, wie im Zusammenhang mit Gl. (6.2), noch einmal darauf hingewiesen, daß

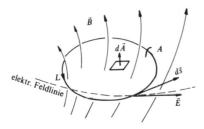

Bild 6.5.   Zum Induktionsgesetz in allgemeiner Form

die Orientierung der Fläche A und die Umlaufrichtung L einander nach der **Rechtsschrauben-regel** zugeordnet sind.

6.1.4   Weitere Formen des Induktionsgesetzes

Sind mehrere Windungen hintereinandergeschaltet und ist jede Windung von einem anderen Teil- oder Bündelfluß durchsetzt (Bild 6.6), so addieren sich die nach Gl. (6.2) induzierten Teilspannungen:

$$u = u_1 + u_2 + u_3 = -\frac{d\Phi_1}{dt} - \frac{d\Phi_2}{dt} - \frac{d\Phi_3}{dt} = -\frac{d}{dt}(\Phi_1 + \Phi_2 + \Phi_3).$$

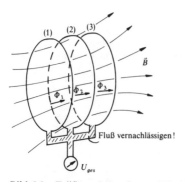

Bild 6.6.   Teilflüsse bei mehreren Windungen

Die Summe der Teilflüsse bezeichnet man als den verketteten magnetischen Fluß, Induktionsfluß oder Gesamtfluß und schreibt:

$$\Psi = \Phi_1 + \Phi_2 + \Phi_3 .$$

Damit hat man

$$u = -\frac{d\Psi}{dt} \qquad\qquad (6.5)$$

und für eine Spule mit N Windungen, bei der die N Bündelflüsse gleich sind:

$$u = -N \frac{d\Phi}{dt} \;.$$

(6.6)

6.1.5 Eine Folgerung aus dem Induktionsgesetz

Die in den früheren Abschnitten 3 und 4 behandelten elektrischen Felder waren wirbelfrei. Elektrische Felder, die durch Induktionswirkungen entstehen – also mit Magnetfeldern verknüpft sind, die sich zeitlich ändern –, sind nach Gl. (6.4) nicht wirbelfrei. Damit ist das Linienintegral der elektrischen Feldstärke nicht mehr wegunabhängig (Bild 6.7):

$$\oint_L \vec{E}\,d\vec{s} = {}_{(1)}\!\int_A^B \vec{E}\,d\vec{s} + {}_{(2)}\!\int_B^A \vec{E}\,d\vec{s} = -\frac{d\Phi}{dt}$$

oder

$${}_{(1)}\!\int_A^B \vec{E}\,d\vec{s} = {}_{(2)}\!\int_A^B \vec{E}\,d\vec{s} - \frac{d\Phi}{dt} \;.$$

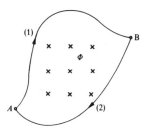

Bild 6.7. Zur Wegabhängigkeit des Integrals $\int_A^B \vec{E}\,d\vec{s}$

Diese Tatsache ist z. B. in der Meßtechnik zu beachten, wenn es etwa darum geht, den Spannungsabfall auf einem stromdurchflossenen Leiter zwischen den Punkten A und B zu bestimmen (Bild 6.8). Wird die Meßleitung entlang der Linie (1) verlegt, so zeigt das Meßinstrument die Spannung u_1 an; bei der gestrichelt dargestellten Leitungsführung (2) die Spannung u_2. Die beiden Spannungen unterscheiden sich um $\frac{d\Phi}{dt}$, wobei Φ die Differenz der von den Schleifen (1) und (2) umfaßten Flüsse ist.

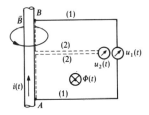

Bild 6.8. Meßtechnische Anwendung zu Bild 6.7

Die Größe $\dfrac{d\Phi}{dt}$ und damit ein möglicher Meßfehler wird besonders groß, wenn entweder das Magnetfeld sehr stark ist oder aber die Änderungsgeschwindigkeit des Flusses. Der erste Fall begegnet einem vor allem in der Hochstromtechnik, der zweite in der Hochfrequenztechnik.

Beispiel 6.1

Rotierende Leiterschleife im Magnetfeld

Aus einem Stück Draht mit dem ohmschen Widerstand R formt man eine rechteckige Schleife und versetzt sie in langsame, gleichförmige Drehbewegung mit n Umdrehungen pro Sekunde. Die Rotationsachse stehe senkrecht auf der Richtung des zeitlich konstanten, homogenen Magnetfeldes B, in welches die Schleife ganz hineintaucht, Bild 6.9.

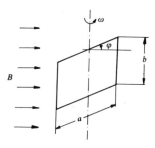

Bild 6.9.   Rotierende Leiterschleife im Magnetfeld

a) Welche Joulesche Wärme entsteht in der Schleife?
b) Welches Drehmoment muß man dabei in den verschiedenen Stellungen überwinden?

Lösung:

$$\Phi = B\,a\,b\,\sin\underbrace{\omega t}_{\varphi} \;\rightarrow\; u(t) = -\frac{d\Phi}{dt} = -\omega\,B\,a\,b\,\cos\omega t$$

$$i(t) = -\frac{\omega\,B\,a\,b}{R}\cos\omega t \;\; \text{mit}\;\; \omega = 2\pi n\,.$$

a) Leistung $$P = i^2 R = \frac{(\omega\,B\,a\,b)^2}{R}\cos^2\omega t$$

b) Drehmoment $$M = P/\omega = \frac{\omega}{R}(B\,a\,b)^2 \cos^2\omega t$$

Probe: $$M = 2\cdot F\cdot\frac{a}{2}\cos\omega t = a\,i\,b\,B\cos\omega t = (-)\,a\,b\,\frac{\omega\,B\,a\,b}{R}\cos^2\omega t\cdot B = (-)\frac{\omega}{R}(B\,a\,b)^2\cos^2\omega t\,.$$

6.2 Die magnetische Feldenergie

6.2.1 Die zum Aufbau des Feldes erforderliche Energie

Wir beziehen unsere Betrachtung auf die Anordnung nach Bild 6.10. Dabei soll wieder der Eisenring einen so geringen Querschnitt im Vergleich zu den anderen Abmessungen haben,

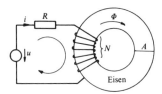

Bild 6.10. Zur Bestimmung der magnetischen Feldenergie

daß die magnetische Feldstärke im Ring als örtlich konstant angesehen werden kann. Zum Aufbau des Feldes ist Energie erforderlich, die von der Spannungsquelle geliefert wird. Um zu einer Energiebilanz zu kommen, stellen wir zuerst die Maschengleichung unter Einbeziehung des Induktionsgesetzes nach Gl. (6.6) auf. Bei der im Bild gekennzeichneten Umlaufrichtung folgt:

$$-u + iR = -N\frac{d\Phi}{dt}\,.$$

Multiplizieren wir diese Gleichung mit $i\,dt$, so erhalten wir

$$-u\,i\,dt + i^2 R\,dt = -N\,i\,d\Phi\,.$$

Hierbei ist der erste Summand die von der Spannungsquelle gelieferte elektrische Energie. (Das Minuszeichen weist im Verbraucherzählpfeilsystem auf eine Energieabgabe hin.) Der zweite Summand stellt die im Widerstand in Wärme umgesetzte Energie dar. Der Term auf der rechten Seite muß die zum Aufbau des Magnetfeldes benötigte Energie sein, denn weitere Energieformen treten hier nicht auf. Wir schreiben

$$dW_m = N\,i\,d\Phi = i\,N\,A\,dB\,. \tag{6.7}$$

In Zukunft lassen wir den Index m weg, da wir jetzt nur die magnetische Energie betrachten und Verwechslungen nicht möglich sind. Der Zusammenhang zwischen dem Strom und der magnetischen Feldstärke ist für die vorliegende Anordnung bekannt: Gl. (5.11). Somit folgt aus (6.7):

$$dW = 2\pi\varrho\,H\,A\,dB\,.$$

Hierin ist $2\pi\varrho\,A$ offensichtlich das Volumen des Eisenkerns, so daß sich ergibt:

$$dW = V\,H\,dB$$

oder

$$W = V\int_0^{B_e} H\,dB\,. \tag{6.8}$$

Hier bedeutet B_e den Endwert der Flußdichte, der sich nach dem Aufbau des Magnetfeldes eingestellt hat. Für die Energie pro Volumen, also $w = W/V$, gilt

$$w = \int_0^{B_e} H\,dB \quad \left[= \frac{W}{V} \right]$$

(6.9)

Der analoge Ausdruck für das elektrische Feld ist in Bild 3.31 veranschaulicht (schraffierte Fläche).

Bis jetzt haben wir ein homogenes Magnetfeld vorausgesetzt. Im inhomogenen Fall ist noch über das Volumen zu integrieren:

$$W = \int_V w\,dV.$$

(6.10)

Das Integral (6.9) läßt sich, wenn die Permeabilität konstant ist, leicht auswerten:

$$w = \int_0^{B_e} \frac{B}{\mu}\,dB = \frac{1}{2}\frac{B_e^2}{\mu}.$$

Wir lassen bei B_e jetzt den Index e fort und notieren mit $B = \mu H$ insgesamt drei Ausdrücke für die magnetische **Energiedichte**:

$$w = \frac{1}{2}\mu H^2 = \frac{1}{2}BH = \frac{1}{2}\frac{B^2}{\mu}$$

(6.11)

Diese Ausdrücke entsprechen denen, die für das elektrische Feld hergeleitet wurden: Gl. (3.44).

6.2.2 Die Hystereseverluste

Wird bei einem Eisenkern mit der Kennlinie nach Bild 5.12 die magnetische Erregung von einem Endwert H_e auf Null verringert, so gewinnt man die magnetische Energie vollständig zurück. Anders ist es bei ferromagnetischen Stoffen, die die Erscheinung der Hysterese zeigen.

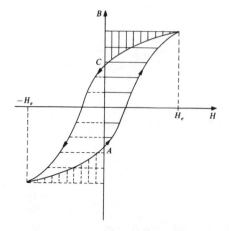

Bild 6.11.   Hystereseverluste

Das soll an Hand des Bildes 6.11 erläutert werden. Die magnetische Feldstärke sei zunächst Null: Wir gehen aus von dem Zustand A. Wird jetzt H bis zu einem Endwert H_e vergrößert, so ist eine Arbeit aufzuwenden, die der waagerecht schraffierten Fläche entspricht. Beim Verringern der Feldstärke von H_e auf Null (Punkt C) wird Energie zurückgewonnen, die durch die senkrecht schraffierte Fläche gekennzeichnet ist. Läßt man nun H auf $-H_e$ anwachsen, so ist wieder Arbeit aufzuwenden (waagerecht schraffierte Fläche links von der Ordinatenachse). Bei der Rückkehr zum Ausgangspunkt A gewinnt man etwas Energie zurück (senkrecht schraffiert). Insgesamt tritt also ein Energieverlust beim Durchlaufen der Hystereseschleife auf, der genau der von der Schleife umschlossenen Fläche entspricht. Derartige Verluste nennt man **Hystereseverluste**.

6.3 Induktivitäten

6.3.1 Die Selbstinduktivität

Wir betrachten eine Leiterschleife, die an eine Quelle angeschlossen ist, die eine sich zeitlich ändernde Spannung liefert (Bild 6.12). Dann sind auch der sich einstellende Strom und das

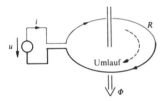

Bild 6.12. Stromdurchflossene Leiterschleife; Selbstinduktivität

mit diesem verknüpfte Magnetfeld zeitlich veränderlich, und das Magnetfeld wirkt nach dem Induktionsgesetz bzw. der Lenzschen Regel auf die Leiterschleife zurück. Nach Gl. (6.2) und (6.4) stellt sich ein solcher Strom ein, daß die Summe der Spannungen auf dem Umlauf L gleich der zeitlichen Abnahme des umfaßten Flusses wird. Im vorliegenden Fall ergibt sich für einen Umlauf entlang der Leiterschleife im Sinne des eingezeichneten Pfeils bei Beachtung der Rechtsschraubenregel:

$$-u + iR = -\frac{d\Phi}{dt}\,. \tag{6.12}$$

Zwischen dem Fluß Φ und dem Strom i besteht nach Abschnitt 5.6 oft ein linearer Zusammenhang. Dann setzt man

$$\Phi = L \cdot i\,, \tag{6.13}$$

wobei der Proportionalitätsfaktor L die **Selbstinduktivität** der Schleife genannt wird. Damit läßt sich Gl. (6.12) schreiben als

$$-u + iR + L\frac{di}{dt} = 0\,.$$

Für diesen Zusammenhang kann man ein Ersatzschaltbild angeben, in dem die Wirkung der räumlich ausgedehnten Leiterschleife durch Schaltsymbole dargestellt wird: Bild 6.13. Die

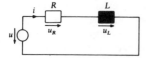

Bild 6.13.   Ersatzschaltbild zu Bild 6.12

Selbstinduktivität kann man also <u>als Schaltelement</u> auffassen, bei dem der Zusammenhang zwischen Spannung und Strom durch

$$u_L = L\frac{di}{dt} \tag{6.14}$$

gegeben ist. Genauso wie bei elektrischen Widerständen sind den Größen Strom und Spannung Zählpfeile gleicher Richtung zuzuordnen.

Besteht die Leiterschleife <u>aus N Windungen,</u> so ist in den Gln. (6.12) und (6.13) an Stelle von Φ der Gesamtfluß $\underline{\Psi}$ einzusetzen oder $N\Phi$, wenn alle Windungen den gleichen Fluß umfassen:

$$\underline{\Psi = Li} \text{ bzw. } N\Phi = Li. \tag{6.15}$$

Formt man $N\Phi$ unter Berücksichtigung des Ohmschen Gesetzes des magnetischen Kreises gemäß

$$\underline{N\Phi = N\Theta\Lambda = NNi\Lambda = N^2\Lambda i}$$

um, so folgt durch Vergleich mit Gl. (6.15) für den Zusammenhang zwischen der Selbstinduktivität und dem magnetischen Leitwert:

$$L = N^2 \Lambda \tag{6.16}$$

6.3.2 Die Gegeninduktivität

Ist neben der einen stromdurchflossenen Leiterschleife nach Bild 6.12 in nicht allzu großer Entfernung noch eine zweite, gleichartige Leiterschleife vorhanden (Bild 6.14), so werden sich

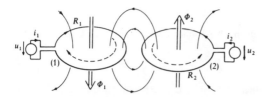

Bild 6.14.   Zwei magnetisch gekoppelte Leiterschleifen

die Leiterschleifen über die mit ihnen verknüpften magnetischen Felder <u>gegenseitig beeinflussen.</u> Wir wenden zunächst (wie im vorigen Abschnitt) das Induktionsgesetz auf beide Schleifen an und erhalten

$$-u_1 + i_1 R_1 = -\frac{d\Phi_1}{dt},$$

$$-u_2 + i_2 R_2 = -\frac{d\Phi_2}{dt}.$$

$$(6.17)$$

Die Flüsse Φ_1 und Φ_2 werden jetzt von beiden Strömen verursacht. Wenn wir wieder einen linearen Zusammenhang zwischen Strömen und Flüssen annehmen, können wir Φ_1 und Φ_2 als Summe von Teilflüssen darstellen. Ist der Beitrag des Stromes i_1 zum Fluß in Schleife 1

$$\Phi_{11} = L_{11} i_1 \qquad (6.18)$$

und der Beitrag des Stromes i_2 zum Fluß in derselben Schleife

$$\Phi_{12} = L_{12} i_2, \qquad (6.19)$$

so folgt der Gesamtfluß in Schleife 1:

$$\Phi_1 = \Phi_{11} + \Phi_{12} = L_{11} i_1 + L_{12} i_2. \qquad (6.20)$$

Entsprechend ergibt sich für den Fluß in Schleife 2:

$$\Phi_2 = \Phi_{21} + \Phi_{22} = L_{21} i_1 + L_{22} i_2. \qquad (6.21)$$

Die hier eingeführten Proportionalitätsfaktoren L_{11} und L_{22} sind die Selbstinduktivitäten der Schleifen 1 und 2; man schreibt meist

$$L_{11} = L_1 \quad \text{und} \quad L_{22} = L_2. \qquad (6.22)$$

Die Größen L_{12} und L_{21} nennt man die **Gegeninduktivitäten** zwischen den beiden Schleifen. Wie in Abschnitt 6.3.3 gezeigt wird, sind beide Größen gleich; üblich ist die Bezeichnung

$$\boxed{L_{12} = L_{21} = M}. \qquad (6.23)$$

Setzt man die Gln. (6.20) und (6.21) unter Beachtung der Gln. (6.22) und (6.23) in Gl. (6.17) ein, so hat man

$$-u_1 + i_1 R_1 = -L_1 \frac{di_1}{dt} - M \frac{di_2}{dt},$$

$$-u_2 + i_2 R_2 = -L_2 \frac{di_2}{dt} - M \frac{di_1}{dt}.$$

$$(6.24)$$

Indem man in der ersten Gleichung den Term $M \frac{di_1}{dt}$ hinzufügt und wieder abzieht, in der zweiten Zeile entsprechend mit dem Summanden $M \frac{di_2}{dt}$ verfährt, kann man durch zweckmäßiges Zusammenfassen folgende Gleichungen erhalten:

$$-u_1 + R_1 i_1 + (L_1 - M)\frac{di_1}{dt} + M\frac{d(i_1 + i_2)}{dt} = 0,$$

$$-u_2 + R_2 i_2 + (L_2 - M)\frac{di_2}{dt} + M\frac{d(i_1 + i_2)}{dt} = 0.$$

$$(6.25)$$

Diese Gleichungen lassen sich durch die Ersatzschaltung nach Bild 6.15 darstellen, auf die wir in Abschnitt 7 noch zurückkommen werden.

Hat man an Stelle der Schleifen 1 und 2 jetzt Wicklungen mit N_1 bzw. N_2 Windungen, so muß

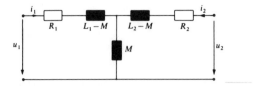

Bild 6.15.   Ersatzschaltbild zu Bild 6.14

in den Gln. (6.17) bis (6.21) der Fluß Φ jeweils durch den Gesamtfluß Ψ ersetzt werden. Unter der Annahme, daß jedes Mal alle Windungen den gleichen Fluß umfassen, wird z. B. aus der linken Seite von Gl. (6.19), wenn wir einen unverzweigten magnetischen Kreis voraussetzen:

$$\Psi_{12} = N_1 \Phi_{12} = N_1 (\Theta_2 \Lambda) = N_1 N_2 \Lambda i_2 ; \quad = M i_2$$

für die rechte Seite schreiben wir wegen Gl. (6.23) $M i_2$ und erhalten durch Vergleich:

$$M = N_1 N_2 \Lambda .$$

(6.26)

Es fehlt noch eine Maßeinheit für L (bzw. M).
Mit Gl. (6.13) wird

$$[L] = \frac{[\Phi]}{[I]} = \frac{Vs}{A} = \Omega s ,$$

wofür man abkürzend schreibt

$$1 \, \Omega s = 1 \, Henry = 1 \, H .$$

6.3.3   Die magnetische Energie eines Systems stromdurchflossener Leiterschleifen

Zunächst soll die magnetische Energie berechnet werden, die das Feld einer Spule mit der Induktivität L speichert, wenn durch die Spulenwicklung der Strom I fließt. Wir gehen (wie in Abschnitt 3.8.1) von der Beziehung

$$W_m = \int_0^\infty u(t) i(t) dt$$

aus und setzen für die Spannung, die an der Spule anliegt, gemäß Gl. (6.14)

$$u = L \frac{di}{dt}$$

ein. Dann wird

$$W_m = \int_0^\infty L \frac{di}{dt} i \, dt = \int_0^I L i \, di .$$

Hierbei bedeutet I den Endwert des Spulenstroms. Ist L konstant, was wir hier voraussetzen, dann folgt

$$W_m = \frac{1}{2} L I^2 .$$

(6.27)

Hat man zwei Spulen mit den Induktivitäten L_1 und L_2 und sind die zugehörigen Ströme I_1 und I_2, so werden die Energien

$$W_1 = \frac{1}{2} L_1 I_1^2 \quad \text{und} \quad W_2 = \frac{1}{2} L_2 I_2^2$$

gespeichert, solange zwischen beiden Spulen keine magnetische Kopplung besteht.
Wir wollen jetzt berechnen, wie sich die Energie ändert, wenn eine solche Kopplung vorliegt.
Wir beziehen uns hinsichtlich der Zählrichtungen auf Bild 6.14, sehen aber von den ohmschen
Widerständen ab, und schreiben zuerst die Spannungsgleichungen (6.17) unter Berücksichtigung
der Gln. (6.20) und (6.21) auf:

$$u_1 = L_1 \frac{di_1}{dt} + L_{12} \frac{di_2}{dt} \, ,$$

$$\tag{6.28}$$

$$u_2 = L_2 \frac{di_2}{dt} + L_{21} \frac{di_1}{dt} \, .$$

Innerhalb des Zeitintervalls dt geben die Spannungsquellen die Energien ab:

$$u_1 i_1 dt = L_1 i_1 di_1 + L_{12} i_1 di_2 \, ,$$

$$u_2 i_2 dt = L_2 i_2 di_2 + L_{21} i_2 di_1 \, .$$

Jetzt unterscheiden wir zwei Fälle:

Fall a: In Spule 1 fließt schon der Endwert des Stromes, also $i_1 = I_1$ und $di_1 = 0$. In Spule 2
soll der Strom von Null auf den Endwert I_2 vergrößert werden. Damit wird der gesamte
Energiezuwachs

$$dW_a = u_1 I_1 dt + u_2 i_2 dt = L_{12} I_1 di_2 + L_2 i_2 di_2$$

und nach Integration über di_2 von Null bis I_2:

$$W_a = L_{12} I_1 I_2 + \frac{1}{2} L_2 I_2^2 \, .$$

Die gesamte Energie des Systems ist demnach gleich der Summe aus dem Energiebeitrag
$\frac{1}{2} L_1 I_1^2$, der nur von I_1 abhängt, und dem soeben ermittelten Anteil W_a, also

$$W_{ges} = \frac{1}{2} L_1 I_1^2 + L_{12} I_1 I_2 + \frac{1}{2} L_2 I_2^2 \, . \tag{6.29}$$

Fall b: In Spule 2 hat sich bereits der Endwert des Stromes eingestellt: $i_2 = I_2$; $di_2 = 0$. In
Spule 1 wächst der Strom von Null auf I_1. Damit ergibt sich ein Energiezuwachs von

$$dW_b = u_1 i_1 dt + u_2 I_2 dt = L_1 i_1 di_1 + L_{21} I_2 di_1$$

und nach Integration:

$$W_b = \frac{1}{2} L_1 I_1^2 + L_{21} I_2 I_1 \, .$$

Die gesamte Energie schreiben wir in Analogie zu Gl. (6.29):

$$W_{ges} = \frac{1}{2} L_2 I_2^2 + L_{21} I_2 I_1 + \frac{1}{2} L_1 I_1^2 \, . \tag{6.30}$$

Da die Energie des Systems nicht davon abhängen kann, in welcher Reihenfolge die Ströme ihre Endwerte erreichen, müssen die mit Gl. (6.29) und (6.30) bezeichneten Ausdrücke übereinstimmen, womit

$$L_{12} = L_{21} \tag{6.31}$$

wird. Diesen Zusammenhang nennt man den **Umkehrungssatz**. Verwenden wir gemäß Gl. (6.23) die Abkürzung M, so folgt für die magnetische Energie des betrachteten Systems:

$$W_m = \frac{1}{2} L_1 I_1^2 + M I_1 I_2 + \frac{1}{2} L_2 I_2^2 \;. \tag{6.32}$$

Es läßt sich zeigen, daß für ein System aus n stromdurchflossenen Leiterschleifen die Formel gilt:

$$W_m = \frac{1}{2} \sum_{\mu=1}^{n} \sum_{\nu=1}^{n} L_{\mu\nu} I_\mu I_\nu \;. \tag{6.33}$$

Darin bedeutet dann $L_{\mu\mu}$ die Selbstinduktivität der μ-ten Leiterschleife und $L_{\mu\nu} = L_{\nu\mu}$ die Gegeninduktivität zwischen der μ-ten und der ν-ten Schleife.

Beispiel 6.2

Ersatzinduktivität

Gegeben ist ein magnetischer Kreis mit zwei Spulen. Ihre Induktivitäten sind L_1 und L_2, zwischen beiden Spulen besteht die Gegeninduktivität M, Bild 6.16. (Die magnetischen Flüsse sollen vollständig im Eisen verlaufen: L_1, L_2, M enthalten die Wirkung des Eisens.)

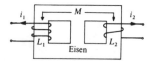

Bild 6.16.   Hintereinanderschaltung von Spulen; Ersatzinduktivität

a) Wie groß ist die in diesem Kreis gespeicherte magnetische Energie?
b) Jetzt werden beide Spulen hintereinander geschaltet, und zwar so, daß

α) $i_1 = i_2$,   β) $i_1 = -i_2$ ist.

Wie müßte jeweils die Induktivität einer Ersatzspule gewählt werden, damit bei gleichem Strom die gleiche magnetische Energie gespeichert wird?

Lösung:

a) $W = \dfrac{1}{2} L_1 i_1^2 + M i_1 i_2 + \dfrac{1}{2} L_2 i_2^2 \;.$

b) $\dfrac{1}{2} L_\alpha i_1^2 = \dfrac{1}{2} L_1 i_1^2 + M i_1^2 + \dfrac{1}{2} L_2 i_1^2$

$\rightarrow L_\alpha = L_1 + L_2 + 2 M \;.$

entsprechend

$L_\beta = L_1 + L_2 - 2 M \;.$

6.3.4 Methoden zur Berechnung von Selbst- und Gegeninduktivitäten

Geht man von den durch die Gln. (6.13) und (6.19) gegebenen Definitionen aus, so kann man Selbst- und Gegeninduktivitäten über die magnetischen Flüsse ausrechnen:

$$L = \frac{\Phi}{I} \tag{6.34}$$

und

$$M \equiv L_{12} = \frac{\Phi_{12}}{I_2} . \tag{6.35}$$

Im Fall der Selbstinduktivität hat man sich also einen Strom in der betrachteten, geschlossenen Leiterschleife vorzugeben und dann den Fluß zu bestimmen, der genau eine Fläche durchsetzt, die die Leiterschleife aufspannt. Im Fall der Gegeninduktivität gibt man sich einen Strom in einer der beiden Leiterschleifen vor und berechnet den Fluß, der von der zweiten Leiterschleife umfaßt wird. Hat man es nicht mit der Windungszahl eins zu tun, sondern mit N bzw. N_1 und N_2, so kann man zunächst – wie beschrieben – mit der Windungszahl eins rechnen und nachträglich die Windungszahlen gemäß den Gln. (6.16) und (6.26) ergänzen. Voraussetzung ist dabei, daß alle Windungen einer Wicklung den gleichen Fluß umfassen. Die hier beschriebene Vorgehensweise führt nicht zum Erfolg, wenn man den Fluß nicht eindeutig der Leiterschleife zuordnen kann, die ihn umfaßt. Dann geht man von den Gln. (6.27) bzw. (6.32) aus und hat z. B. für die Selbstinduktivität

$$L = \frac{2 W_m}{I^2} . \tag{6.36}$$

Man nimmt also einen bestimmten Strom an, ermittelt mit einer der in Abschnitt 6.2.1 angegebenen Formeln die zugehörige Feldenergie und bildet den Quotienten gemäß Gl. (6.36).
Wir betrachten als erste Anwendung die Doppelleitung nach Bild 5.4. Da der magnetische Fluß in Beispiel 5.7 schon bestimmt wurde, liefert Gl. (6.34) sofort für die Induktivität pro Länge:

$$\boxed{\frac{L}{l} = L' = \frac{\mu_0}{\pi} \ln \frac{d}{\varrho_0}} . \tag{6.37}$$

Als zweites Beispiel wollen wir das Koaxialkabel nach Bild 6.17 behandeln und dabei Gl. (6.36) anwenden. Die gesamte magnetische Energie besteht aus drei Anteilen: der im Innenleiter, im Luftraum und im Außenleiter gespeicherten Energie.

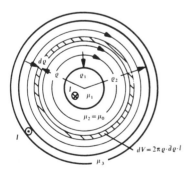

Bild 6.17.   Koaxialkabel: Selbstinduktivität

Für den Innenleiter erhalten wir mit dem aus Beispiel 5.5 bekannten H und Gl. (6.11):

$$W_1 = \frac{1}{2}\mu_1 \int H^2 \, dV \quad \text{mit} \quad dV = 2\pi\varrho \cdot d\varrho \cdot l \,,$$

$$W_1 = \frac{I^2 \mu_1 l}{2 \cdot 2\pi \varrho_1^4} \int_0^{\varrho_1} \varrho^3 \, d\varrho = \frac{\mu_1 I^2 l}{16\pi} \,.$$

Demnach ist wegen Gl. (6.36):

$$L_1' = \frac{\mu_1}{8\pi} \,.$$

Für den Luftraum zwischen Außen- und Innenleiter ergibt sich auf gleiche Weise mit dem nach Gl. (5.11) bekannten H:

$$W_2 = \frac{I^2 \mu_2 l}{2 \cdot 2\pi} \int_{\varrho_1}^{\varrho_2} \frac{d\varrho}{\varrho} = \frac{I^2 \mu_2 l}{2 \cdot 2\pi} \ln \frac{\varrho_2}{\varrho_1} \,.$$

Damit folgt

$$L_2' = \frac{\mu_2}{2\pi} \ln \frac{\varrho_2}{\varrho_1} \,. \tag{6.38}$$

Auf die Bestimmung von L_3' verzichten wir hier.

Die dem Luftraum zugeordnete Induktivität kann man auch über den Fluß ausrechnen:

$$\Phi_2 = \mu_2 \int_A H \, dA \quad \text{mit} \quad dA = l \, d\varrho \,,$$

$$\Phi_2 = \frac{\mu_2 I l}{2\pi} \int_{\varrho_1}^{\varrho_2} \frac{d\varrho}{\varrho} = \frac{\mu_2 I l}{2\pi} \ln \frac{\varrho_2}{\varrho_1} \,.$$

Mit $\boxed{L = \Phi/(I \cdot l)}$ entsteht daraus das bereits vorliegende Ergebnis für L_2'.

Anmerkung: Bei einem Vergleich von Gl. (3.35) mit Gl. (6.38) und von Gl. (3.38) mit Gl. (6.37) fällt auf, daß jeweils die Ausdrücke im Nenner mit denen im Zähler übereinstimmen. Damit folgt für das Produkt aus C' und L' das bemerkenswerte Ergebnis

$$C' L' = \varepsilon \mu \,,$$

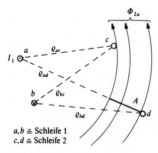

a,b $\hat{=}$ Schleife 1
c,d $\hat{=}$ Schleife 2

Bild 6.18.   Zwei Doppelleitungen: Gegeninduktivität

das auch für beliebige Leitungsanordnungen gültig ist. Das können wir hier jedoch nicht beweisen.

Zum Schluß wollen wir die Gegeninduktivität zwischen den in Bild 6.18 skizzierten Doppelleitungen bestimmen. Zuerst ermitteln wir den Beitrag Φ_{2a} des stromdurchflossenen Leiters a zum Gesamtfluß, wobei wir über die im Bild mit A bezeichnete Fläche integrieren. Damit ist die gleiche Rechnung durchzuführen wie in Beispiel 5.7 und man erhält für den auf die Länge bezogenen Fluß:

$$\Phi'_{2a} = \frac{\mu_0 I}{2\pi} \ln \frac{\varrho_{ad}}{\varrho_{ac}} \; .$$

Entsprechend ist der Beitrag von Leiter b

$$\Phi'_{2b} = \frac{\mu_0 I}{2\pi} \ln \frac{\varrho_{bd}}{\varrho_{bc}}$$

und dann der Gesamtfluß (als Differenz der Teilflüsse, da diese die Schleife 2 nicht in gleicher Richtung durchsetzen):

$$\Phi'_{21} = \frac{\mu_0 I}{2\pi} \ln \frac{\varrho_{ad}\,\varrho_{bc}}{\varrho_{ac}\,\varrho_{bd}} \; .$$

Mit $\Phi'_{21} = M' i_1$ – analog zu Gl. (6.19) – wird

$$M' = \frac{\mu_0}{2\pi} \ln \frac{\varrho_{ad}\,\varrho_{bc}}{\varrho_{ac}\,\varrho_{bd}} \; . \tag{6.39}$$

Selbstinduktivitäten und im allgemeinen auch Gegeninduktivitäten werden als positive Größen angesehen. Das ergibt sich bei der Herleitung zwangsweise, wenn man die Zählrichtungen des Flusses (Φ bzw. Φ_{21}) und des zugehörigen Stromes (I bzw. I_1) einander im Sinne der Rechtsschraubenregel zuordnet. Ist diese Zuordnung für bestimmte Zahlenwerte in der eben hergeleiteten Gleichung nicht gegeben, so erhält man für M einen negativen Zahlenwert.

6.4 Magnetische Feldkräfte

6.4.1 Die Berechnung von Kräften über die Energie

Es sollen jetzt Kräfte mit Hilfe des Prinzips der virtuellen Verschiebung bestimmt werden. Wir gehen also ähnlich vor wie in Abschnitt 3.8.2. Wir betrachten die Anordnung nach Bild 6.19 und setzen folgendes voraus: die Stromquelle soll den konstanten Strom I liefern, die Leitungen sind widerstandsfrei, der rechts dargestellte senkrechte Leiterstab kann sich in x-Richtung

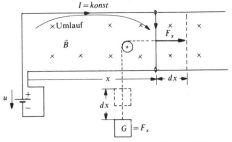

Bild 6.19. Zur Herleitung der Kraft mit Hilfe des Prinzips der virtuellen Verschiebung bei $I = konst$

reibungsfrei bewegen und schließlich sei der Übergangswiderstand zwischen dem Leiterstab und den waagerecht angeordneten Leiterschienen verschwindend klein.

Energie kommt in der skizzierten Anordnung in drei Formen vor: als magnetische Feldenergie W_m, als mechanische Energie W_{mech} (dargestellt durch die potentielle Energie des Gewichts G) und als elektrische Energie der Stromquelle W_e. Läßt man eine Verschiebung des Leiterstabes um dx nach rechts zu, wobei die Bewegung langsam erfolgen soll, so ändert sich die Gesamtenergie des Systems nicht:

$$dW_{ges} = d(W_e + W_{mech} + W_m) = dW_e + dW_{mech} + dW_m = 0 \, .$$

Mit der in Bild 6.19 festgelegten Zählrichtung für x ergibt sich eine Zunahme der mechanischen Energie:

$$dW_{mech} = F_x \, dx \, .$$

Auch die magnetische Energie $\frac{1}{2} L I^2$ erfährt eine Zunahme

$$dW_m = \frac{1}{2} I^2 \, dL \, ,$$

da die Induktivität der Schleife sich vergrößert. I ist nach Voraussetzung konstant. Mit den hier eingeführten Richtungen von u und I muß die Energieänderung der Stromquelle als Abnahme aufgefaßt werden, also wird (im Verbraucherzählpfeilsystem)

$$dW_e = -u I \, dt \, .$$

Wenden wir jetzt das Induktionsgesetz auf einen Umlauf im Uhrzeigersinn an, so folgt bei Beachtung der Rechtsschraubenregel

$$-u = -\frac{d\Phi}{dt}$$

oder mit $\Phi = L I$:

$$u = I \frac{dL}{dt} \, .$$

Die Abnahme der elektrischen Energie wird also

$$dW_e = -I^2 \, dL \, .$$

Die Summe der drei als Zunahmen definierten Energieänderungen ergibt dann

$$F_x \, dx + \frac{1}{2} I^2 \, dL - I^2 \, dL = 0$$

oder

$$F_x = \frac{1}{2} I^2 \frac{dL}{dx} \, .$$

Setzen wir für $\frac{1}{2} I^2 \, dL$ wieder dW_m, so lautet die Endformel

$$\boxed{F_x = \frac{dW_m^{(I)}}{dx}} \, . \qquad (6.40)$$

Der hochgestellte Index (I) soll darauf hinweisen, daß bei der Herleitung der Formel ein konstanter Strom vorausgesetzt wurde.

Beispiel 6.3

Kraft auf Traverse eines Schalters

Die beiden Leiter einer nach links sehr langen Doppelleitung sind durch den in Bild 6.20 schraffiert dargestellten Leiter, bei dem es sich z. B. um die Traverse eines Schalters handeln kann, leitend miteinander verbunden. Welche Kraft wirkt auf die Traverse? (Voraussetzung: $\varrho_0 \ll d$).

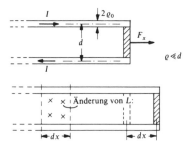

Bild 6.20.   Kraft auf Traverse eines Schalters

Lösung:

Die Kraft soll mit Gl. (6.40) berechnet werden:

$$F_x = \frac{dW_m^{(I)}}{dx} = \frac{d}{dx}\left(\frac{1}{2}LI^2\right) = \frac{1}{2}I^2\frac{dL(x)}{dx}.$$

Für $L(x)$ setzen wir

$$L(x) = L'\cdot x + K,$$

wobei L' der für die Doppelleitung hergeleitete Ausdruck nach Gl. (6.37) ist und K einen nicht von x abhängigen Korrekturterm bedeutet, der das Randfeld am rechten Leiterende erfaßt.

Damit ergibt sich

$$F_x = \frac{1}{2}I^2 L' = \frac{\mu I^2}{2\pi}\ln\frac{d}{\varrho_0}.$$

6.4.2 Kräfte bei Elektromagneten

Wir betrachten den in Bild 6.21 dargestellten magnetischen Kreis, der als Teil eines Schaltrelais aufgefaßt werden kann. Wie in Abschnitt 5.6.2 sollen vorgegeben sein: die Durchflutung

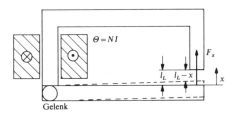

Bild 6.21.   Elektromagnet; Kraftberechnung

$\Theta = NI$, die mittlere Länge des Eisenweges l_E, die Länge des Luftspalts l_L und der konstante Querschnitt A. Wir vernachlässigen wieder die Streuung und haben damit $B_E = B_L = B$. Die Kraft soll über die Energieänderung, also mit Gl. (6.40) berechnet werden. Wir brauchen zuerst einen Ausdruck für die gesamte magnetische Feldenergie, die hier aus zwei Anteilen besteht, der im Luftspalt und der im Eisen gespeicherten Energie. Mit Gl. (6.11) ergibt sich

$$W_m = A\,l_L \frac{1}{2}\frac{B^2}{\mu_0} + A\,l_E \frac{1}{2}\frac{B^2}{\mu_E} = \frac{(AB)^2}{2}\left(\frac{l_L}{\mu_0 A} + \frac{l_E}{\mu_E A}\right) = \frac{\Phi^2}{2}\left(\frac{l_L}{\mu_0 A} + \frac{l_E}{\mu_E A}\right).$$

Hierin ist der Fluß Φ durch die gegebene Größe Θ auszudrücken. Mit dem Ohmschen Gesetz des magnetischen Kreises gemäß Gl. (5.26) folgt

$$W_m = \frac{\Theta^2}{2}\,\frac{1}{\dfrac{l_L}{\mu_0 A} + \dfrac{l_E}{\mu_E A}}.$$

Hierin fassen wir l_L jetzt als Veränderliche auf. Mit der gewählten Zählrichtung (Bild 6.21) wird $l_L \to l_L - x$ und damit wegen Gl. (6.40), wenn μ_E als konstant angesehen wird:

$$F_x = \frac{\Theta^2}{2}\,\frac{\dfrac{1}{\mu_0 A}}{\left(\dfrac{l_L - x}{\mu_0 A} + \dfrac{l_E}{\mu_E A}\right)^2}.$$

Wir suchen die Kraft für $x = 0$ und erhalten mit Gl. (5.26)

$$\boxed{F_x = \frac{1}{2}\frac{\Phi^2}{\mu_0 A} = \frac{1}{2}\frac{B^2}{\mu_0} A}.$$

(6.41)

Daraus lesen wir für die Kraft pro Fläche ab:

$$\boxed{\frac{F_x}{A} = \frac{1}{2}\frac{B^2}{\mu_0}}.$$

(6.42)

Daraus lassen sich noch zwei weitere Ausdrücke (wie bei Gl. (6.11)) herleiten.

6.5   Die erste Maxwellsche Gleichung

Wendet man das Durchflutungsgesetz nach Gl. (5.14) auf den in Bild 6.22 skizzierten sog. offenen Stromkreis an, so erhält man kein eindeutiges Ergebnis. Man kann die von der Randkurve L aufgespannte Fläche so legen, daß der Leiter, der den Strom i führt, geschnitten wird. Oder man legt die Fläche zwischen die Kondensatorplatten. Im ersten Fall ist

$$\oint \vec{H}\,d\vec{s} = i,$$

im zweiten Fall hat man dagegen

$$\oint \vec{H}\,d\vec{s} = 0.$$

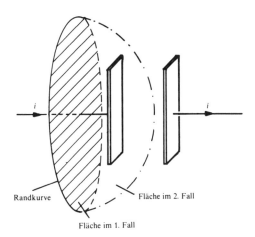

Bild 6.22. Anwendung des Durchflutungssatzes auf offene Stromkreise

Diesen offensichtlichen Widerspruch gilt es jetzt aufzulösen. Um einen tieferen Einblick in die Verhältnisse zu gewinnen, betrachten wir den in Bild 6.23 skizzierten Ausschnitt aus dem Kondensator etwas genauer. Durch den Ladestrom, der hier durch die bezogene Größe $\vec{J}$ beschrieben ist, werden die Kondensatorplatten aufgeladen. Die auf die Fläche bezogenen Ladungen

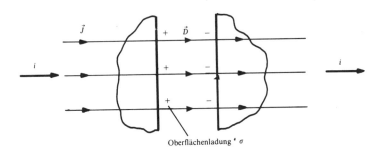

Bild 6.23. Zur Einführung des Verschiebungsstromes

sind $+\sigma$ und $-\sigma$. Zwischen diesen Ladungen besteht ein elektrisches Feld (zwischen den Kondensatorplatten), das in Bild 6.23 durch die Verschiebungsdichte $\vec{D}$ gekennzeichnet ist. Die Verschiebungsdichte auf der Leiteroberfläche und die Flächenladung sind gemäß

$$D|_{Oberfläche} = \sigma \tag{6.43}$$

miteinander verknüpft. Andererseits ist die während der Zeit dt auf die Platten transportierte Ladung $dQ = i\,dt$. Beziehen wir die Größen auf beiden Seiten dieser Gleichung auch auf die Fläche, so folgt

$$d\sigma = J\,dt \ \text{ oder } \ J = \frac{d\sigma}{dt}\,.$$

Wegen Gl. (6.43) ist dann weiter

$$J = \frac{dD}{dt} \; .$$

Hierfür schreiben wir, da die beiden Feldgrößen an der Leiteroberfläche die gleiche Richtung aufweisen,

$$\boxed{\vec{J} = \frac{\partial \vec{D}}{\partial t}} \; . \tag{6.44}$$

Die Ableitung nach der Zeit wird als partielle Ableitung gekennzeichnet, da im allgemeinen Fall die Verschiebungsdichte noch von den Ortskoordinaten abhängen kann.

In Gl. (6.44) steht auf der linken Seite die Dichte des Leitungsstroms, die rechte Seite nannte Maxwell die Verschiebungsstromdichte und interpretierte den Zusammenhang dann so: Der Strom fließt in den Zuleitungen und in den Kondensatorplatten als Leitungsstrom, zwischen den Platten als Verschiebungsstrom. Damit hat man es jetzt offensichtlich mit einem geschlossenen Stromkreis zu tun. Die Summe aus Leitungsstrom und Verschiebungsstrom nennt man den Gesamtstrom. Ersetzt man im Durchflutungsgesetz den Leitungsstrom durch den Gesamtstrom, so hat man

$$\boxed{\oint_{L} \vec{H} \, d\vec{s} = \int_{A} \left(\vec{J} + \frac{\partial \vec{D}}{\partial t} \right) d\vec{A}} \; , \tag{6.45}$$

und der am Anfang dieses Abschnitts genannte Widerspruch ist behoben. In dieser erweiterten Form nennt man das Durchflutungsgesetz die **erste Maxwellsche Gleichung.**

Die Hinzunahme des Verschiebungsstroms in Gl. (6.45) bedeutet, daß der Verschiebungsstrom genauso von einem Magnetfeld umgeben ist wie der Leitungsstrom. Daß diese Vorstellung zutrifft, wird von der Erfahrung bestätigt.

Sachverzeichnis